本书获中华女子学院学术著作出版资助

家庭居住环境 陈设艺术

王欣　朱利峰　著

中国纺织出版社有限公司

内 容 提 要

本书以新时代家庭建设为核心，将家庭文化、家居环境营造、家居陈设艺术融为一体。从家庭居住环境陈设艺术的基本概念、构成体系、陈设流程、实践要素等方面进行剖析，探索运用艺术设计的观念和手法传承传统家庭文化的核心价值，提升家居审美品质和精神关怀，满足当代家庭对居住环境的个性化需求。

本书为家居陈设、家庭建设、社会工作等行业的从业者和社会大众提供理论参考和家居艺术化的实践指南；为陈设行业、文化创意产业及房地产行业提供市场需求提升、精细化服务改革的新思路。

图书在版编目（CIP）数据

家庭居住环境陈设艺术 / 王欣，朱利峰著 . -- 北京：中国纺织出版社有限公司，2025.6. -- ISBN 978-7-5229-2386-4

Ⅰ．TS975

中国国家版本馆 CIP 数据核字第 20253RX695 号

责任编辑：朱利锋　特约编辑：马如钦
责任校对：高　涵　责任印制：王艳丽

中国纺织出版社有限公司出版发行
地址：北京市朝阳区百子湾东里 A407 号楼　邮政编码：100124
销售电话：010—67004422　传真：010—87155801
http://www.c-textilep.com
中国纺织出版社天猫旗舰店
官方微博 http://weibo.com/2119887771
北京华联印刷有限公司印刷　各地新华书店经销
2025 年 6 月第 1 版第 1 次印刷
开本：787×1092　1/16　印张：10.75
字数：164 千字　定价：78.00 元

前　言

　　家庭是社会的基本细胞，也是我们的身心归属之处。家庭的建设涵盖物质、情感、文化、教育等多方面的内容，这些内容具象为家中的一花一物、一束微光、一处场景，都可称为陈设。陈设艺术对家庭生活有着重要的意义，它既是每个家庭成员生活方式、性格特质和内心世界的物质映射，也承载着家庭整体的家教家风和价值追求。经过近20年居住环境陈设艺术的从业和教学研究，作者着力构建适应社会大众需求的家居艺术化理论基础，也在一些新的方面有所思考。

　　首先，不仅关注家居艺术化的实现问题，还从系统视角探索家庭文化与陈设设计的内在融合机制，关注文化传承、精神关怀与设计艺术的互动关系。在中国家庭文化的语境下，传统的"厅堂"演化为开放、有序的多功能客厅，既保留家庭共享的仪式感，又满足家人多样的兴趣爱好。"屏风"演绎为隔而不断的可变界面，既保持空间的流动性，又兼顾感官层次。明代圈椅的曲度蕴含着人体工程学智慧，结合四时礼俗的春社插花、摇扇消夏、中秋赏月、围炉暖茶，给人以诗意栖居天地间的整体性美感。

　　作者也尝试模糊学科的壁垒，将家居陈设艺术置于学科融合交叉的背景下进行解析。从哲学的视角，海德格尔提出"诗意地栖居"的命题，人类在改造客观世界中取得发展，在改造客观环境的活动中也改造了人类本身。陈设是一种物质秩序，其整体组织和长期作用，是产生、维持和控制人们生活活动格局的有力结构。从社会学的视角看居住空间，在宏观上是指城市及乡村概念的总体生态环境；在中观上是指具体的社区、村落等生态环境；在微观上是指以家庭为单位的民居住宅和居室环境。三个层面的核心要素均是宜居，陈设艺术便是在微观上实现宜居的具体途径。跨界理解空间的同时，也可以理解人在空间环境中的观念表达，即人与空间关系的心理意识形态维度。从环境心理学的视角就能够解释关于陈设"风水"的一些说法，也能看到其中存在的局限性。

当然，科技的命题不可回避。在日新月异的新时代，陈设的设计和使用模式经历着深刻的变革。家庭文化的底蕴与前沿科技的代码在交织、碰撞、融合中，激发出巨大的创新动力。藤编座椅与3D打印茶几的对话；"三远"之境的宋代山水画与虚拟现实技术的交叠；墙面呼吸着温湿度；灯光随日光节律明灭；从未学习过设计的孩童或老人，也可以与人工智能交谈，实时生成和修改陈设搭配效果图来设计自己的家。我们该如何重新定义"陈设艺术"？答案或许就在那些承载记忆的老物件与闪烁代码的智能设备之间，在亲情、人文与科技交织的居住美学中。

感谢中华女子学院的领导和专家老师指导作者开展家庭建设和艺术学科的跨界研究，并资助本书出版。本书的案例图片有实景照片也有效果图，均为中华女子学院师生的设计作品，感谢贡献精彩设计的葛桂方、郭明月、潘轶、赵越、陈晨、石海悦、王润泽、侯宇婧，以及在此未能一一罗列的校友。

本书的第一章至第三章、第七章由王欣撰写，第四章至第六章由朱利峰撰写。本书也是北京市社会科学基金规划项目重点课题"长城文化带非遗场景的艺术再生产研究"（项目号：23YTA022）的阶段性成果，中华女子学院青年创新课题一般课题"以新时代家庭文化为核心推动家居艺术化的实践探索"（项目号：2024QN-0302）的研究成果。

由于作者水平所限，书中的许多问题有待继续充实和拓展，难免疏漏和不当之处，期望得到广大专家和读者的指正。

王欣

2025年1月

目　录

第一章

导论

在世界任何地方，人们要营造自己的家，通常都需要一座房屋。房屋本体、房屋的内部空间、房屋的外部空间共同构成家庭居住环境，家庭居住环境可简称家居环境或家居，它是家庭建设的物质载体。在多元发展的信息时代，家居环境不仅要满足人们日常生活的功能需求，还要体现出对家庭的精神关怀和文化滋养，展现时代的审美风貌和价值取向。

家庭居住环境陈设艺术是为生活美好而进行的艺术创造，家庭居住陈设与人们的生活、工作方式及生活状态相关联构成专属生活空间，涉及的范围宽泛，学科体系比较松散。它从属于室内环境艺术，又具有自身的独特性。由于学科内容的复杂性，业内人士对许多概念和问题都有各自的见解。而相关学科如"家居陈设设计"的盛行与它所追求的"生活艺术化，艺术生活化"的理想境界，恰恰符合当前社会文化多元的现实，并成为实现这一理想的最佳表达方式。表现在学科应用领域，家庭居住环境陈设艺术鼓励各种家庭审美和风格流派的共生共荣、彼此欣赏、取长补短。因此，要想深入学习家庭居住环境陈设艺术及其衍生的艺术问题及实践方法，可参考本书，同时，也要清醒地明白其在纷繁变化的社会观念中难以避免的局限性。

第一节　家庭居住环境陈设艺术的概念

环境艺术行业中对陈设部分有很多通俗的称谓，如"配饰艺术""软装饰艺术""集成艺术""配套艺术"等，都是从特定范围的视角对陈设进行的解读。"配饰艺术"本是借用服装行业对服装饰品的通用称谓；"软装饰艺术"源于装修行业根据中国家庭装修市场状况，把所有"硬装饰"（室内空间界面装修改造、室内水暖电设备设计施工等）未进行的部分称为"软装饰"；"集成艺术"源于对家具、生活用具、办公装备、饰品等作为商品类型的集中营销手段，主要针对酒店、高级办公空间等有限市场；"配套艺术"仅指家具、纺织品等有限的产品以统一风格、统一花色的面貌进行组合搭配，概念上更加局限。多元文化并存的当代社会，面对不同类型的空间环境和不同层次的消费群体，"陈设艺术"是具有普适意义的通用称谓（图1-1）。

图1-1　陈设艺术（王润泽作品）

　　"陈设"一词最早见于春秋典籍《广雅》："陈，列也。"此后历代多有使用。《玉篇》："陈，布也。"《周礼·肆师》："展器陈告备。"《论语·季氏》："陈力就列，不能者止。"《左传·隐公五年》："陈鱼而观之。"北宋欧阳修的《醉翁亭记》："山肴野蔌，杂然而前陈者，太守宴也。"西汉贾谊的《过秦论》："信臣精卒陈利兵而谁何。"东汉应劭的《风俗通义·琴》："然君子所常御者，琴最亲密，不离于身，非必陈设于宗庙乡党，非若钟鼓罗列于虡悬也。"《太平广记》卷三〇九引唐谷神子《博异志·张遵言》："又揖四郎，凡过殿者三，每殿中皆有陈设盘榻食具供帐之备，至四重殿中方坐。"《醒世恒言·李道人独步云门》："并不见有人陈设，早已几乘鹤驾鸾车，齐齐整整，摆列殿下。"清汤之旭《皇清州同知尹思袁公（袁可立曾孙）墓志铭》："忆旭髫年时，常往来外家，见外王父文学公，陈设先代彝器，凡图书鼎，益皆前人赏鉴，遗风流韵，手泽犹存。"朱自清《桨声灯影里的秦淮河》："里面陈设着字画和光洁的红木家具，桌上一律嵌着冰凉的大理石面。"其中的"陈""陈列"均表示"展示"的意思。

　　"陈设"译为英文通常写作display（陈列、展览、显示），furnishings（家具、设备、服饰用品、穿戴用品、家庭居住陈设品），set out（装饰、陈列）。

当下的家庭居住环境陈设艺术，是结合人的生理、心理因素，对室内空间环境与相关陈设物品进行综合的和艺术化的策划、布置及执行过程。在词性方面，"陈设"具有名词和动词的双重属性。作为名词理解时，"陈设"可以认为是室内摆放的所有物品，包括实用物品和装饰物品；作为动词理解时，"陈设"被认为是对空间物品进行摆放、布置的美化行为。另外，不同的视角对家庭居住环境陈设艺术的概念理解不同，有狭义和广义的区别。狭义的概念是将陈设之美作为空间环境的点睛之笔；从广义上讲，陈设艺术如同一把涵盖众多的大伞，空间中的一切装饰行为和物品，都在其中。

与陈设相关的产业体系庞杂，涵盖面广，需要在分类方法上围绕室内的空间环境进行归纳，概括起来主要包括使用功能、陈设品种、空间形态、陈设方式、空间类型和风格样式这六大类，每一大类中又可相应地分出若干小类（表1-1）。

表1-1 陈设相关的产业分类

分类方式	包含内容
按使用功能	功能性陈设 装饰性陈设
按陈设品种	家具 纺织品 陶瓷 灯具 绿化陈设品（花艺绿植） 信息陈设品（标识） 其他（器皿、工艺饰品、绘画、书籍、家电等）
按空间形态	空间界面（天花板、壁面、地面、阶梯）风格陈设 协调室内布局的陈设
按陈设方式	固定式陈设 可移动式陈设
按空间类型	单元式住宅 公寓 别墅
按风格样式	传统风格陈设 现代风格陈设 中式风格陈设 异域风格陈设 民族风格陈设 乡土风格陈设

第二节　家庭居住环境陈设的基本功能

家庭居住环境陈设的基本功能主要体现在以下几个方面：

一、促进家庭教育，陶冶情操，提高生活品位

家庭居住环境陈设从表面看是一种挑选、搭配、组合的简单劳动，其实不然，家庭居住环境陈设本身是为美好生活而进行的创造性活动，使居住环境更加舒适合理，并强调文化和艺术的内涵和主观表达，反映人们的精神关注和理想寄托。把自然条件、建筑条件、设备条件、生活器具物品、艺术品等有机地组织在一起，呈现出理想的生活画卷，形成家庭居住环境的美学意义，传承家庭、社会文化，形成个人、家庭、自然和外部社会环境的和谐共生。使人们在全部生活场域中获得愉悦的审美情感体验，从而潜移默化地滋养美好心灵，滋润美好生活。

二、加强空间内涵，满足精神需求

室内设计是通过空间中相对固定的墙面、柱体、天花板、地面、门窗等室内元素造型来塑造空间的内涵，虽然在一些空间中这种形态的内涵已相当明确，但通过陈设艺术可以在室内设计的基础上更加强化和突出空间的特色。利用不同的陈设可以赋予室内空间新的内涵，即相同的室内空间，经过不同的陈设组织可以呈现百变的环境效果。不同的人所挑选和搭配的效果截然不同，品质的高下明显可见，这有些像厨师，相同的原料不同的厨师会烹调出不同口味和质量的饭菜。其中的原因在于每个人不同的素质、文化品位、生活态度、心理状态和生活阅历。喜爱和理解陈设艺术的人恰恰能在这些搭配组合的工作中推陈出新，改善生活环境的质量（图1-2）。

图1-2 强化空间内涵（郭明月作品）

三、烘托环境气氛及艺术格调

陈设品在室内环境中具有较强的视觉和触觉感知度，因此，陈设设计对烘托居住环境的氛围具有很大的作用。美好的家居环境总是需要具有特定的氛围或明确的主题，陈设品大多为具象的物品，造型、色彩、材质都经过艺术创作的手法进行凝练深化，可以物化承托情感和文化的意义，并根据季节变化、家庭仪式的需要进行灵活调整，起到"画龙点睛"和"传神达意"的作用（图1-3）。

图1-3　烘托艺术格调（葛桂方作品）

四、柔化空间，改善使用功能

缺少陈设的空间环境就缺少过渡变化和呼应，线条、界面单调生硬又冷漠，使长期生活在其中的人们感到枯燥厌倦。而陈设品中的绿植、织物、艺术品等都能以其靓丽的色彩、生动的形态、无限的趣味有效地改善环境的品质。尤其是生活在繁华的城市，人们身边充斥着密集的钢架、成片的玻璃幕墙、光亮的金属板材，这些材料所表现出的僵硬、冰冷的质感使人们对身处的环境产生了疏离感和重复感。而丰富多彩的家庭陈设品可以明显地柔化空间，同时给居室带来一派生机。

我们的住宅多是在生硬、古板的直墙、平地、平顶、粗柱等基础上进行建造的，它们冰冷粗糙，虽然可以通过处理掩饰缺陷，但是很难达到空间的丰富性与人性化的要求。这时陈设品就能起到一个柔化空间的作用。家居陈设品的造型形态多是富于变化的，材质是多样和细腻的，还有许多柔软温和的织物穿插其中。另外，绿色植物姿态万千，打破了墙面单调的平行和垂直线，运用穿插、渗透、延伸等手法，造成复合的空间效果。从这些方面来讲，家居陈设能够柔化空间，创造出将人性细化、深化的生活空间（图1-4）。

图1-4　生动的儿童游戏环境（葛桂方作品）

五、反映地域特性及历史文化

　　许多陈设品的内容、形式、风格体现了地域文化的特征。中西方文化的差异形成陈设品的不同风格和形式，当需要表现特定的地方特色时，就可以通过陈设来营造。不同的国家和民族都有自己代表性的陈设艺术特色，陈设品可以看作是特定文化的符号或名片。当前，整体室内风格已趋向国际化、都市化，但家居陈设的民族特征少有改变，这大概与不同国家和民族的生活习惯不易改变有关。

除了地域差异，陈设品还体现出时间的变化，表现不同时期的历史风貌和人居理念。在我国，陶器、青铜器是先秦时期文化的象征；瓷器、织锦等是汉唐以后文化的体现；高足家具则是宋元以后生活形态的反映……陈设品的风格反映了各历史时期的审美取向，正如汉代喜欢雄壮刚劲，唐代注重端庄饱满，宋代追求简约秀丽，清代趋于雍容华贵。正确选择不同历史时期的陈设品，可以恰如其分地表现不同时空的风格特征，也赋予其时代感和现实意义，形成对话和延续（图1-5）。

图1-5 中式风格特征（葛桂方作品）

六、生态节能，体现人文关怀

众所周知，家庭居住环境与个人之间的交流互动最为频繁，家居陈设几乎所有的材料、陈设方式都与使用者的生理健康、空间环境的生态和节能效果相关。不盲目迎合时尚消费主义，低碳、环保、可循环使用的陈设品处处体现生态关怀的善意，也影响人们改变落后的生活方式、行为方式和使用方式，提高生活质量。因此，家庭居住环境陈设的生态性和节能性考虑，是对人类生活进行人文关怀的最直接体现。

家庭居住环境陈设的美化原则

　　家庭居住环境陈设布置有其内在规律，无论是专业人士的设计摆场还是普通使用者的日常布置，都应该遵循一些基本原则。这些原则简单来说，就是在实践中应考虑、注意或把握的基本因素、环节和观念。

一、实用性与艺术性相结合的形式美原则

　　家居陈设的目标之一，就是根据人们对于居住、工作、学习、交往、休闲、娱乐等行为和方式的要求，不仅在物质层面上满足其使用及舒适度的要求，还要更大程度地与形式美原则相吻合。形式美原则包括节奏与韵律、比例与尺度、对称与均衡、对比与协调、变化与统一等。形式美原则是现代艺术必备的基础理论知识，是现代艺术审美活动中最重要的法则（图1-6）。

图1-6　实用与艺术相结合的老人房（潘轶作品）

二、与总体构思相协调的整体性原则

家居陈设是室内环境综合系统的组成部分。在实践过程中，个人意志的体现、个人创新的追求或单件陈设品的突出亮眼固然重要，但更重要的是将艺术美观性和实用舒适性相融合，将创意构思的独特性和室内环境的整体风格相融合。具备整体格局的把握和各部位整体协调的能力，这是室内设计整体性原则的根本要求（图1-7）。

图1-7　整体关系协调（王欣作品）

三、符合人体工程学规范的以人为本原则

家居陈设的目的，简要地说就是更加完善地为人们营造符合特定需求的日常生活环境。应给予家庭的主体——人以足够的关心，认真研究与人的心理特征和人的行为相适应的室内环境特点及其设计手法，以满足人们生理、心理等各方面的需求。这里涉及环境心理学、现象学等多门学科，其宗旨在于使人—家庭—环境取得和谐发展，使人的价值得到充分体现。以人为本是家居陈设的出发点和归宿。

四、体现环保观念的生态性原则

尊重自然、关注环境、生态优化是生态性原则的最基本内涵。室内环境的营造及运行与社会经济、自然生态、环境保护统一发展，使室内环境融合到地域的生态平衡系统之中，使人与自然能够自由、健康地协调发展是生态性原则的核心。家居陈设应遵循这一原则，尽可能利用自然元素和天然材质，通过艺术对行为方式的引导培养使用者的节能意识和绿色环保的生活习惯。

五、与时俱进的时代性原则

在多元文化时代，家居陈设不仅要满足人们的日常生活所需，还要能体现出对使用者的精神关怀和文化滋养。在室内环境中如何体现富于时代特征的新语言、新变化，如何将优秀的、充满活力的新形式、新工艺、新设计语言成功地融合到基础性、传统性的设计语言中去，是家居陈设时代性原则的要求。

六、关注生活的文化性原则

家居陈设有着深刻的历史文化渊源，它体现了人的基本生活态度、丰富多彩的生活行为及对文化的追求。因此，必须考虑到日常生活中的文化创造，考虑到陈设与文化的关系，这可称为家居陈设的文化性原则。需要指出的是，人们的生活行为是连续的，不会轻易因外部环境的改变而改变。因此，要注意研究生活文化的内涵与文脉，掌握其发展与运动的规律，载文化之印记，传时代之风采，才能找到为人们的生活文化心理所接受的创意点，从而进行陈设创作（图1-8）。

图1-8　体现文化性（葛桂方作品）

七、推陈出新的创新性原则

家居陈设是一种艺术创造，如同其他艺术活动一样，创新是灵魂。这种创新不同于一般艺术创新的特点在于，它只有将使用者的喜好与创作者的艺术追求，以及室内空间创造的意图完美地统一起来，才是真正具有价值的创新。可见，这种创新的自由是相对的，是在一定现实条件限制下展开的创新（图1-9）。

图1-9　推陈出新（王睿作品）

八、适当留白的原则

家居陈设虽有一定的专业性、复杂性，但与日常生活紧密相连，与家庭成员亲密无间。随着使用者的介入，还可以将家居陈设视为一个动态的、贯穿时间空间的、具有延续性的过程。使用者对于室内环境的再创造和更新，不可能一直依赖于专业人士，而是使用者本人的持续性执行。因此，不能将空间堆放得很满，要适当留白，给使用者后续的再创造留有余地和舞台，让空间的陈设能够随着人们生活的步伐不断与时俱进，才是最佳的做法（图1-10）。

图1-10　适当留白（石海悦作品）

　家庭居住环境陈设艺术

第四节　家庭居住环境陈设艺术的新发展

20世纪八九十年代，是中国家居设计行业迅速崛起的关键时期。随着改革开放和经济建设的深入发展，住宅私有化的进程不断加快，人们逐渐开始购买、装修自己的房子，迎来了家居建设的第一个繁荣期。当时我国的传统居室艺术研究主要停留在学术文本层面，室内艺术设计的专业教育也刚刚起步，缺乏指导具体个案的条件，因此大多数家庭还停留在拆拆改改、简单布局和表面涂饰的装修改造。有了近二十年的发展基础，21世纪以来，随着社会经济日益繁荣，物质文化高速发展，国内外文化艺术交流日益频繁，人们对生活品质的要求与日俱增，室内设计也迎来了一场深刻的变革。人们不再满足于室内环境的基本功能，开始强调私人和公共空间中的艺术品质。而室内设计变革的标志性倾向就是"家庭居住环境陈设艺术"作为室内环境设计的重点被强调出来。在完成建筑空间中固定界面的设计改造之后相当长的时间内，人们更加注重内部活动空间的构成方式以及家具、饰品的陈设，陈设艺术成为日常生活必不可少的一部分。这就对相关专业人士提出了更高的要求，需要他们在人们的生活方式和精神需求之间进行更加深入、细致、规范的研究和实践，用"软装饰"来满足人们对居住环境更高品质的追求。

从市场发展来看，国务院办公厅转发建设部等部门《关于推进住宅产业现代化提高住宅质量的若干意见》（国办发〔1999〕72号），建设部关于印发《商品住宅装修一次到位实施导则》的通知（建住房〔2002〕190号），以及《关于进一步加强住宅装饰装修管理的通知》（建质〔2008〕133号），推广大中城市的全装修房进程。通过多年的发展，2010年之后，深圳、广州、北京、大连等众多大中城市销售住宅都应按要求实现100%一次性装修，消费者更多是通过后期软装饰进行住宅居住环境的个性化提升，软装陈设正成为当今家居领域中的朝阳行业，中国的家居市场呈现出全民软装陈设的风潮。2008年以来，我国每年用于软装陈设商品的消费超过1200亿，并且还在以每年15%的速度递增。据估算，5～10年内家庭居住环境陈设行业的产值与需求将超过2万亿。巨大的市场需求，也激发了陈设行业的发展活力。

陈设艺术是一门研究环境艺术的系统学科，它表面上看只是对室内空间的布置，却包含着科学的原理，有其自身的规律性。在陈设艺术所涉及的家具、饰品、花艺、布艺、字画、灯具、地毯及床上用品等纷繁复杂的类别中，每个类别都有着搭配的科学讲究，如家具款型的设计定制，灯光的分布，布艺、花艺的色彩搭配等。要装饰好一个空间，需要将涉及各种产业的产品融汇整合到一起，创造出融洽和谐的感官效果，这就需要系统和深入的研究。房地产样板间就很好地体现了陈设艺术的作用，提升了房屋的价值，体现了良好的人居环境。

稍加注意我们就会发现，这种软装陈设的趋势不仅仅停留在家居领域，酒店、餐馆、办公室、博物馆、图书馆、音乐厅等商业和文化空间对于陈设艺术的需求也呈不断上升之势。从人与环境的关系上来理解，陈设艺术是人与周围的环境相互作用的艺术，是一种场所艺术、关系艺术、对话艺术和生态艺术，是创造和谐与可持续发展的艺术。城市规划、建筑设计、室内设计、雕塑、壁画、家具、饰品、日用品等都与陈设艺术紧密相关，它与人们的生活、生产、工作、休闲的关系越来越密切。随着人们生活水平、居住水平的提高、生态意识的觉醒，对各类环境中陈设艺术质量的要求也逐渐提高。陈设艺术的理念和实践，就是在这样的背景和基础上在我国崛起和发展的（图1-11）。

图1-11　家居陈设艺术的新发展（郭明月作品）

第五节　家庭居住环境陈设方向的专业教育与就业创业

随着生活水平的持续提高，人们对生活品质的追求也日益提高，陈设相关的行业必将持续迎来蓬勃发展的时期。然而，由于陈设艺术产业分支庞杂，我国现有的陈设市场处于起步阶段，尚存在诸多问题亟待解决。比较突出的问题包括人才稀缺、各地发展不均衡、流通与渠道建设不健全、客户分布广而散、信息闭塞、缺乏交流、各企业单打独斗、职业规范尚未建立等。

详细来看人才培养的问题，目前国内专门培养系统化整体定制陈设设计师的高等院校寥寥无几，面对人才市场的巨大缺口，仅靠这几所院校根本无法满足专业人才的输送。职业教育也尚未在全国范围内建立完整的体系，大大滞后于行业的发展需求，教育资源有待整合。这些资源包括房地产商、业主、消费群体为主导的上游群体；陈设艺术设计师、设计团队为主导的中游群体；家具、布艺、餐具、墙纸、画品等厂商为主导的下游群体；家居卖场、物流、网络媒体为主导的服务群体。

面对国内和国际市场如此广阔的产业空间，为加强陈设艺术方向的对外交流，促进教学、科研、产业有效结合，有必要在教育领域内强调陈设艺术的教学与实践。一方面，有利于使陈设艺术教学在一个更加开放的平台上与国内外研究机构、行业协会、陈设设计单位、陈设饰品生产厂家等广大的社会资源形成良好的对接；另一方面，在学术层面上有助于打造一个深入研究人居文化与当代社会生活方式的，具有前瞻性的学术研究资源平台，为整个陈设艺术行业的健康发展作出贡献，也对相关学科的专业发展形成良好的促进，提高专业发展建设的积极性和主动性；此外，广泛的行业交流与社会合作机会，有助于师生在教与学阶段更快速地将理论知识转化为实践应用知识，有利于学生就业能力与社会竞争力的提高。当今社会的飞速发展、智能科技的迭代更新、人民日益增长的美好生活需要，不断推动家居陈设行业的革新，对人才提出多维度的复合型要求，需构建"文化解码力 × 系统创新力 × 技术转化力"的三维能力模型。这不仅要求持续更新知识储备，更需要建立开放式的跨界协作网络，具备时代价值的从业和创业实力。

如今，家庭居住环境陈设的教育培训逐步兴起，主要体现在高等院校的素质教育和企业团体的职业培训这两个领域。

一、高等院校的素质教育

早在20世纪80年代，中央工艺美术学院的潘吾华教授就以家居陈设设计为内容开设专业课程。近年来开设家居陈设专业方向的大专院校逐年增加。2004年中华女子学院艺术系开始招收本科生，2009年内蒙古师范大学青年政治学院开始招生，中央美术学院城市设计学院于2010年开办家居陈设设计工作室，广西、广东等地也纷纷开始筹办家居陈设设计专业。如今，更多的高校逐渐将家居陈设艺术设为一门必修课程，中央美术学院建筑学院有专门从事家居陈设设计研究的硕士、博士研究生。

二、企业团体的职业培训

清华大学美术学院与继续教育学院于2007年、中国室内装饰协会陈设艺术专业委员会于2008年分别开始面向社会招生，进行家居陈设设计师的职业培训；一些企业从服装陈列、商场陈列及家装全案等角度进行家居陈设设计师的职业培训。如今，行业协会和更多的专业设计公司都看到了家居陈设行业广阔的发展前景，纷纷成立培训机构进行家居陈设设计师的入门培训。但是截至2024年，尚未形成规范的培训认证体系和权威的专业培训机构。家庭居住陈设人才的培养，需要更多的教育资源和社会力量共同的参与和努力。

作为家居陈设设计教育的先行者，上述高校和培训机构都为陈设行业的发展做出了很大的贡献。但是在教学和科研的过程中，学校、培训机构的教学与市场的实际需求还有一定的距离，教师及学生对于市场的动态把握缺乏有效的衔接平台。作为一个新兴行业，"陈设艺术"一词虽然正在被室内装饰行业日益推崇，逐渐以一种独立的市场面貌出现，但目前在全国范围内尚未建立完整的行业体系和规范。在国家人力资源社会保障部的职业认定中，"室内陈设"还是作为"室内装饰设计师"的工作内容之一，职业细分方面也没有特别明确的专业岗位。专业人才和市场规模的发展速度还远远赶不上社会的实际需求。

新媒体时代，互联网家居行业的兴起也为陈设艺术的从业者带来了全新的就业渠道。

第二章
家庭居住环境的构成
体系和陈设流程

家居陈设设计是一门以建筑提供的空间为基础，以内部环境创造为内容，以现代科学技术为手段，以满足人们的物质、精神需求为目的，集各种艺术表现形式为一体的综合性、实践性学科。从更为广阔的文化视角解读居住空间，其呈现为表层、中层和深层三种结构。从具体的使用功能分解居住环境，包括门厅、客厅、厨房、卧室、书房、卫生间、阳台等空间。

第一节　家庭居住环境的学科构成

在居住环境的各层级学科中，建筑学涉及住宅建筑物的建造，解决基础的建筑空间形态、结构承重、设备管线、门窗洞口、采光通风问题。室内设计聚焦界面设计、色彩肌理设计、水暖电的物理微环境设计和陈设艺术设计。居住环境陈设设计虽然是一个新兴的学科，却并非独立的体系，它从属于室内设计，二者都是为解决室内空间的物质功能和精神功能问题，无法截然分开。所不同的是，室内设计的整体创意，不仅要靠以界面改造和功能完善为核心的"硬装修"来初步实现，还要靠以体现文化层次和完善的空间艺术效果为核心的陈设设计来最终完成。陈设艺术由空间中若干个体（主要包括家具、织物、灯光、花艺、画品、饰品、日用品、收藏品）有机组成，研究陈设个体、群体与空间的秩序关系，属于环境艺术的范畴。陈设艺术注重形体、色彩、肌理的相互关系，抽象转化艺术之美、自然之美、行为之美融入居室之中。由此可见，居住环境的各个层级的学科在文化本源、基础观念上是基本一致的。各种设计概念的相关关系如图2-1所示。

2025年教育部发布的《普通高校本科专业目录》中，增加全新本科专业"人居设计"。"人居设计"指出面向未来的发展发向，即打破传统的学科边界，融合居住环境的各层级学科知识，从社区规划到陈设设计，用设计解决"人—环境—健康"问题，服务"高质量生存居住"的需求升级。面对社会治理、技术革命、可持续发展的复杂挑战，还需具备迭代跨学科的系统性思维，整合社会学、心理学、低碳技术、人工智能等领域的研究实践方法。例如，引入社会学调查方法，理解社会

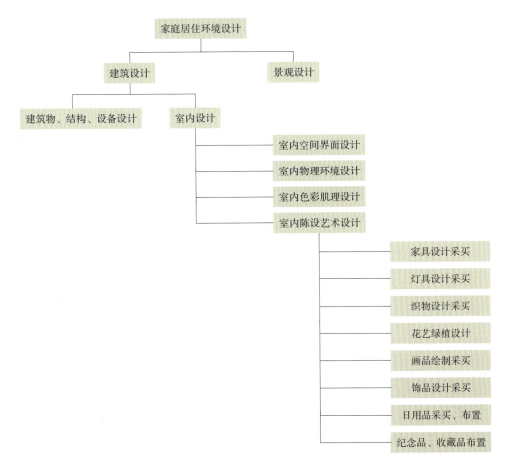

图2-1 家庭居住环境设计的学科构成

结构与空间的关系；引入心理学实验，细化不同人群（老人、儿童、残障人士）的使用需求，建立空间感知与设计语言基础；引入低碳技术，树立"全生命周期"思维，从材料生产到废弃均考虑环境影响；引入人工智能驱动设计，将使用数据转化为设计参数，加速设计从概念到落地的过程，提升智能家居的人性化体验。家庭居住环境学科的融合与跨域并非简单加法运算而是协同重构。在转型过程中，陈设艺术设计正在进行从"专业能力输出"向"系统变革代理"的角色转变，通过创新赋能居住环境—社会—生态的整体发展。

第二节　家庭居住环境的空间构成

衣食住行是人的基本需要，居住场所的建设是人类社会有史以来最基本的生存活动。衣、食是在住的行为基础上产生的，因为衣、食甚至行只解决个体的当下问题，住满足人的群体需要，解决长远问题。家庭居住环境与人们关系密切，直接影响家庭成员的生活与工作。

西方哲学家海德格尔提出"诗意地栖居"的美学命题，其重点在于"人"，关注的本质是"人该如何存在"。人类在改造客观世界中取得发展，在改造客观环境的活动过程中也改造了人类本身。从原始人到现代城市人，是人类不间断的"文化"过程。人类为改善自身在客观世界中的生存环境，进行大量的建筑活动，并不间断地改进居住环境，人们的"个人""家庭"和"社会"生活活动的一切特性以及他们的价值观和意识形态，均反映在他们建设的空间环境中。"一方水土养一方人"，也可以说一方的建设环境培育和陶冶一方人，一代的生活环境培育一代人。居住空间环境是一种物质秩序，这种空间环境的整体组织和长期作用，是产生、维持和控制人们生活活动格局的有力结构。人们长期定居在特定的空间环境中，必然产生生活环境与行为之间的相互作用，"存在决定意识"，从而形成相应的生活方式、价值观念、意识观念以至文化形态（图2-2）。

家庭是承载人们物质生活和精神文化生活的第一空间要素。住宅是生活的容器，从文化层面看，居住空间呈现为表层、中层和深层三种结构。表层结构是空间的物质形式，即住宅建筑本体的物理空间维度；中层结构是人在空间中的活动，即人与空间关系的生理维度；深层结构是人在空间环境中的观念表达，即人与空间关系的心理意识形态维度。

图2-2 陈设的文化形态（郭明月作品）

一、表层：物质形式

健康环境是一切幸福生活的载体，家居环境的核心要素是生态、宜居。研究和实践都需要从完整的系统层面上科学地认识居住空间，其物质层面在宏观上是指城市以及乡村概念的总体生态环境，在中观上是指具体的社区、村落等生态环境，在微观上是指以家庭为单位的民居宅院和室内环境。

1.宏观：城乡环境

当代社会，无论是在城市还是乡村，生态、宜居的环境选择是每个人的理想。党的十八大报告提出"促进生产空间集约高效、生活空间宜居适度、生态空间山清水秀"的要求，生活空间的宜居性主要体现在安全有序、环境友好、公平共享、生活便捷、文明健康等五个方面，宜居适度的生活空间建设要把握好品质生活与公平共享、基础生活空间与日常生活空间、历史文化保护与传承发扬、阶段性建设与长期性建设的关系。最为理想的生态宜居环境应该具有如下特点：

（1）空间布局与周边自然环境相协调，整体格局和风貌具有典型特征，路网合理，建设高度和密度适宜。

（2）居住区开放融合，提倡街坊式布局，住房舒适美观。

（3）建筑环境彰显传统文化和地域特色，发挥文化的滋养涵育作用。保护好文化街区、历史建筑，让历史文化与现代生活交相辉映，接续城市文化的根脉，丰富居民的文化生活。

（4）加大公园绿地的建设力度，提高公园绿地的服务半径，让公园绿地贴近生活、贴近工作。

（5）商业店铺布局有管控，日常消费便捷。

（6）环境优美，设施完善，干净整洁。让儿童、老年人、残疾人等特殊人群无障碍地使用公共环境设施，确保人民共享发展成果。

（7）土地利用集约节约，城乡与产业发展同步协调。

随着经济的发展和民众认知的更新，居民对于宜居的感受也在变化，这种动态变化表现在居民对生活空间宜居性的评判内容和标准随城乡的发展而不断变化。因此，城乡生活空间宜居性的建设是一项长期的任务，需要根据不断出现的新情况，建设新内容，采取新策略。

2.中观：社区环境

"社区"是指一群人居住在同一地域，因而产生共同利益。如农村的村落、城市的住宅小区，聚居在其中的村民或者居民都因相同或相近的生活、生产方式而产生了共同的利益。仅仅居住在一起（同一域）没有产生共同利益，则不叫"社区"；

只有共同利益，并不住在一起，也不叫"社区"。

社会学家费孝通曾在研究中国传统乡土社会时提到"邻里"这一名词，"在村子里，人们通常把自家住宅两边的各五户作为自己的邻里，在日常生活中，邻里间每天互相走动，关系密切且互帮互助，彼此间共同肩负着特殊的社会责任和义务。"❶在中国传统社会中，由于自给自足的特性，导致其人口流动性较低，且本家族的人通常都居住在一起，既可以增强力量，保证生产力，也可以尽其孝道。那么地缘关系和血缘关系自然是紧密结合在一起的，这是最初的邻里关系。计划经济时期，在传统的城镇社会和城市社会中，在相关的领域工作或具有相似的经济背景、职业情况的人们居住在一起，频繁互动，最终形成"单位制"的邻里关系。随着中国市场化改革、城市化进程加快、劳动力自由流动和房地产开发商品化，"单位制"面临瓦解，在社会结构上，我国已经完成了从"单位制"管理逐渐向"社区制"管理的转变，社区已经成为城市治理的最基本单元。

2017年，《关于加强和完善城乡社区治理的意见》中提到，要努力把城乡社区建设成为和谐有序、绿色文明、创新包容、共建共享的幸福家园，指明了社区建设的方向。目前在城乡社区层面所提倡的和谐理念，浓缩了数千年社区文化中与人为善、和睦相处、守望相助的和谐本质。邻里关系能够作为标尺衡量社区总体的道德素养和精神风貌，也是个人和家庭与外界沟通的桥梁。

在社区邻里关系的影响因素方面，各个领域的学者在大量调查研究的基础上提出了各自的见解。基于社会交往的视角，随着城市化进程加快，社区规模急剧膨胀，加之现代生活方式和居住方式的改变，守望相助的邻里功能逐渐减弱。现代邻里交往更加注重相互之间的隐私保护和人格尊重，因此导致了邻里关系的疏远。基于居住类型的视角，以集体、开放为特征的传统居住模式变为以封闭、独立为特征的单元式的个体居住模式，产生的空间隔离对邻里关系造成影响。从文化层面切入，社区内人口流动大，来自不同地区的人们在文化背景、价值观念、道德标准等方面有所不同，因此缺乏对社区整体性的认同感和信任感，社区邻里关系很难深入。基于城市和空间的视角，性别、年龄、经济收入、户籍性质、教育水平、作息习惯、家庭关系密切程度、社区活动参与率等各种因素都会影响邻居之间的互动。

然而，"远亲不如近邻"，人们生活在共同的社区内，仍然渴望和追求互助和睦的

---

❶ 费孝通. 乡土中国［M］. 上海：上海人民出版社，2019：123-129.

邻里关系。邻里关系是在空间的基础上产生和延续的，融洽的社区邻里关系有赖于科学合理的居住空间规划。社区居住生活空间组织要素包括以下几种：

（1）清晰完整的空间形态结构和"均等规律"的空间环境布局，这是促进居民交往的条件。意念的"集体观"，感情上的"安全感"的根源，成为居民与基层社团关系方面"自我感"和"责任感"的思想基础，从而促进居民的团结意识。

（2）整体统一的建筑艺术空间组织有助于对当地环境的认识，也是建筑美学上创造统一完美的社会艺术基础。

（3）组织完善的邻里居住生活的公共设施，建设智慧社区。推进社区生活垃圾分类减量，构筑居住区安静、整洁、宜人的自然生态环境。

（4）基层群众的公共公益事业要实现自我建设管理、服务、教育，增加社会参与机会，加强自我价值和归属感，提高物质生活质量的服务效率，促进日常生活劳动的社会化，这是行为界域与环境界域一致性的保证和空间界域限定的基础。

（5）具有邻里公共生活的共享空间（交往权）。

（6）家庭生活私密性空间的保证。

在改善社区邻里问题上，相应的对策还包括：社区举办各种活动，将居民从私人空间连接到社会互动，能够带动居民重新审视邻里关系的宝贵价值。利用基于社区、基于治理、基于网络和基于记忆的身份认同机制，重塑社区的邻里关系，可以更好地满足人们对社区生活的愿景和追求。

我国儒家思想用"乡田同井，出入相友，守望相助，疾病相扶持，则百姓亲睦"描述了令人神往的理想邻里相处模式，其具体内涵包括以下几方面。一是邻里之间保持主动积极的交往与互动，同时尊重彼此隐私；二是邻里之间关系融洽，情感彼此认同，认可社区文化与行为准则，有共同的社区归属感；三是邻里之间互助互爱，边缘群体能够在社区内得到充分关爱与良好支持；四是居民具有主动参与社区事务的责任感和行动力，成为社区环境的营造者和维护者，共同解决社区问题。

3.微观：家庭室内环境

家庭室内环境是采用天然或人工材料建造而成的、相对密闭的、供人居住或使用的有限空间，是与外界大环境相对分隔而成的小环境。主要包括以下几点要素：

（1）空间组织和动静分区。动态区指的是使用者活动频繁、交流交往较多的区域，如客厅、餐厅、厨房、阳台等；静态区则指相对私密的个人空间，如卧室、书房等。静态和动态分区旨在将这两类场所分开，不相互干扰，从而让不同的行为活动得以充分展开。

（2）安全舒适的室内物理环境是绿色健康的家庭生活的基础，物理条件一部分直接来自生态循环，另一部分由人工设备来调节，主要包括暖通空调设备、电气设备和给排水设备。

（3）空间和设施的尺度合理，形态规整。

（4）家庭成员有充分的交流共处空间和机会。

（5）家庭成员有各自独立的空间，互相尊重隐私。

（6）家庭室内环境依据家庭成员的生活习惯和艺术审美来塑造，也引导更加健康美好的生活方式（图2-3）。

图2-3　自然健康的生活方式（郭明月作品）

二、中层：人的活动

中层结构是人活动的空间，即人与空间关系的生理维度。合理实用的尺度、充分的自然光照、清新洁净的空气、舒适宜人的温湿度是使用者生理健康的基础条件。

1.合理的尺度

尺度过小的空间让人感到拥挤压抑，行为受到限制，活动也难以展开。但空间尺度并非越大越好，单纯追求大空间既铺张浪费也难以营造亲切安宁氛围。合理的空间尺度应该以人体作为基本的尺度参照物，参考人机工学的相关数据，考虑家庭成员的数量、年龄、兴趣爱好等因素，并具备一定的成长适应性。既能够和谐承载当下的生活，也能适应日后家庭结构可能的变化（图2-4）。

图2-4　合理的尺度（葛桂方作品）

2.室内采光

室内采光系统主要包括两个方面：自然光及人工光。自然光是指阳光照射，

"万物生长靠太阳"，阳光是最重要的供能来源之一，还具有杀菌防霉等作用，这些是其他任何先进材料都无法替代的。《城市居住区规划设计标准》（GB 50180—2018）中规定：城区常住人口住宅建筑日照标准为大寒日≥2h，冬至日≥1h，老年人居住建筑标准不应低于冬至日日照时数2h。从日出到日落，从初春到寒冬，在不同的时间，不同色彩、不同方向和质感的阳光赋予环境无可替代的活力和美感。白天日照充足的时段，应充分利用自然采光避免开灯，阳光过于强烈的时段和朝向可通过纱帘、百叶窗等方式进行调节；阳光不能满足照度要求的时段和朝向，采用合适的人工照明的方式，构建完善的采光系统。这样既节约能源、保护生态环境，也有利于身心健康，还能够产生多姿多彩的光环境艺术氛围（图2-5）。

图2-5　自然和人工采光（陈晨作品）

3.室内空气环境

通风条件受住宅朝向，楼层高度，是否有遮挡，窗户的位置、大小和开启方式等因素的影响，是维护室内空气质量的基本途径。居住环境的空气污染是持续性的，主要污染源来自装修污染、燃烧污染、生物污染、大气污染。装修污染是逐步而缓慢的，在建造和装修房屋时使用的地砖、石材、瓷砖等，随着时间的推移，会不同程度释放出放射性物质。涂料、人工板材、腻子胶水、墙纸等装饰材料，容易挥发出甲醛、苯及苯系物、氯仿等有机化合物，严重污染室内环境。室内燃烧污染主要有厨房油烟污染和室内吸烟污染。厨房烹饪时，当油脂被加热到一定温度会大量挥发，同时伴随一系列的化学反应，产生某些致癌物质，威胁人体健康。在室内吸烟，香烟中的尼古丁、焦油等多种致癌物质，容易引发呼吸道、心脏、大脑的多种疾病。生物污染包括在说话、打喷嚏、咳嗽时可能把口腔和呼吸道内的细菌喷出，导致细菌的滋生与传染，对于抵抗力低下的人群，容易诱发疾病。在雨季气压低、湿度大的日子里，病毒、细菌、霉菌等滋生的速度会更快。大气污染严重的时段，粒径在10μm以下的颗粒物能够通过咽喉进入呼吸道，影响机体的免疫功能，对人体造成非常严重的损伤。

保证良好的室内通风是排除污染、清新空气最为直接有效的方法。新鲜空气中含氧量较高，能改善血液循环，促进新陈代谢，增加身体的抗病力，使身体充满活力。纯净的空气能安抚神经，让思想镇静和安宁，让人有更恬静和美好的睡眠。还可根据卧室、客厅、厨房、卫生间的不同污染物选用不同功能的空气净化辅助装置，如吸排油烟机、空气净化器、负氧离子发生器等，同时还可以适当种植利于空气净化、吸附有害气体、滞尘能力强的绿色植物。

4.室内温湿度环境

在日常生活中，恰当地调节好室内温湿度对人体健康十分有利。良好的温湿度环境使人感到舒适愉快，身体正常平稳，同时细菌滋生少，不易产生疾病。研究发现，夏季室内温度超过32℃时，人的体温调节功能就会受到影响。冬季室内温度若在10℃以下时，人体代谢功能下降。此外，室内外温差如果因开空调而变得悬殊，人体难以适应，也容易患伤风感冒。因此，医学界把人的"热耐受"上限温度定为32℃，把人的"冷耐受"下限温度定为10℃，突破这个界限，过高或过低时，人体就会感到种种不适，不利健康。

在注意室内温度调节的同时，还应注意室内的湿度。夏天室内湿度超过80%

时，人体散热会受到抑制，使人感到十分闷热，情绪烦躁；冬天室内湿度过高时，则会加速人体热传导，使人感觉阴冷，精神抑郁。而室内湿度过低（30%以下）时，上呼吸道黏膜的水分就会大量丧失，人会感到口干舌燥、咽喉肿痛、声音嘶哑等，并容易患感冒。因此，居室相对湿度的上限值不应超过80%，下限值不应低于30%，否则会影响健康。

当然，人体的感觉并不是单纯受温度或湿度要素影响，而是两种要素综合作用的结果。实践证明，最宜人的室内温度，夏天为23~28℃，湿度为30%~60%；冬天室温在18~23℃，湿度为30%~80%。在开着空调的室内，室温控制在22~26℃，湿度控制在40%~50%时，人体感到舒适，人的精神状态较好，思维最敏捷，工作、学习效率也最佳。因此，若室内温湿度过高或过低，应及时采取调节措施，使居室处于最佳组合的室内环境中，对人体健康十分有益。

室内环境与人体健康有密切的关系。保持一个好的室内环境，房间的面积和布置的饱和度要适宜；要适度装修，避免光污染损伤视力；要选择环保的装修材料，避免化学污染；要注意保持适宜的温度和湿度，绿化也是改善温湿度、提升空气质量的方法；要经常开窗通风，保持空气流通，以获得良好的空气环境；同时也要注意室内卫生，避免病菌的滋生。

三、深层：人的观念

家庭居住环境是由自然因素、社会因素、家务因素、文化因素、生理因素等有机构成的物质空间，并与生活于其中的家庭成员相互作用。家庭居住环境不仅影响使用者的生理健康，也可通过直接或间接的方式影响使用者的精神状态和心理健康。居住心理注重研究对家庭空间及其周围环境的安全感、亲切感、满意感、归属感等心理感受。以人文关怀、情感呵护为目标的空间环境和陈设艺术，在满足物质功能和物理性能的同时，通过各自的艺术形式及整体营造出的文化审美和艺术氛围能够得到使用者的欣赏喜爱，继而影响其认知，使使用者和空间之间形成共鸣，有种真正回到"家"的感觉。工作、学习、社交中的精神压力与身心疲劳得以释放缓解，由衷感到放松愉悦、温馨幸福（图2-6）。

家庭是人类生存最基本的组织单元，家庭居住环境不同于一般的物质生产，其根本的特征在于满足人的物质和精神需要，包含人类活动的各种意义。寻求意义的过程

图2-6 松弛亲切的陈设氛围（郭明月作品）

实际上是人们与环境投射的过程、认同的过程、参与的过程、控制的过程。这种参与和控制表现在：一是环境建成之前策划设计阶段的参与；二是环境建成后身处其中，自己动手对环境进行动态的完善。人们活动的意义与环境内在因素相结合，更加有利于不同情感的反映和实现，促进人与自然环境、社会环境的和谐。

中国传统文化、教育和家庭生活都充满东方美学意蕴的审美趣味，无论是富贵人家的亭台楼阁、雕梁画栋，还是平民百姓的竹篱茅舍、窗花春联，或是文人雅士的携琴访友、江阁远眺、柴门送客，又或是童子开蒙的朱砂开智、正冠行礼、吟诵描红，都具有一种趣味与美感的陶冶作用；又如四时礼俗中的春社踏青、摇扇消夏、中秋赏月、围炉暖茶等，给人以诗意栖居天地间的整体性美感（图2-7）。❶

图2-7　东方美学意蕴（郭明月作品）

❶ 宋修见. 建构新时代整体性大美育体系［N］. 中国教育报，2024-4-5（03）.

第三节　各类家庭居住环境的陈设

现代家庭居住空间是集会客、展示、用餐、睡眠、休闲、工作、学习、烹饪、储藏等多种功能于一体的综合性空间系统。为满足多样化的需求，空间功能的划分走向更加细致和精确，住宅中为满足各种功能需求的设施也越来越多，人们对居住空间的陈设要求也就随之不断提高。

一、客厅的陈设

客厅是住宅中最为重要的共享厅堂。客厅的功能对内主要是家庭成员的交流共处、休闲娱乐，对外主要是会客展示。客厅体现了一个家庭整体的生活品质、文化底蕴和审美品位，是家居陈设的重点。根据家庭客厅的陈设情况，大体可归纳为三种类型。

（1）文化型客厅陈设。一般比较讲究传承正统、古朴典雅，色调清淡柔亮或是厚重凝练，家具采用较为严谨的造型样式，精巧雅致。在向阳的一侧或离通道较远的一面，安放有写字台、书桌、画案和书橱，这也是客厅最引人注目的中心处，以"文房四宝"和书画为主要摆设；另一侧则安放有造型简洁、色彩淡雅的茶几，半软性座椅或是不过于柔软、挺括有型的沙发。另外，根据厅内空间位置大小情况，成组摆放大、中、小型又不显得过于杂乱的花卉。

（2）艺术型客厅陈设。此种类型的客厅摆设与文化型客厅有些相似，但又有所不同。相似之处在于体现辨识度较为明显的艺术流派符号、色彩或代表作品，不同之处是因主人爱好、个性、审美情趣的差异，难以有统一的标准。客厅的基本格调或是热情明快、或是文艺淡雅、或是复古怀旧，摆设的物品多与音乐、电影、摄影等有关，以精巧、玲珑、新颖、高雅为特点，匠心独运、别具一格，具有艺术魅力（图2-8）。

（3）轻量定制型客厅陈设。此种类型客厅陈设是当前最大众化、最多的客厅陈设类型。它讲究简洁实用，并创造出和谐、轻松的环境，使人感到舒适愉快。家具

图2-8　客厅陈设（葛桂方作品）

造型比较单纯，但不失细节之美；色彩趋向淡雅柔和；只在比较重要的界面或节点精心布置陈设品，例如壁面的国画、油画、壁挂，以及桌台摆设的艺术品等都是根据主人的爱好、个性来选择（图2-9）。

　　客厅中的核心是沙发组团，沙发组团呈一字形、L形、U形等半围合形式，在面积较大的客厅也会采取全围合形式，反映的是不同的"共处模式"和流线组织。传统中式厅堂往往以一种主客分明、等级清晰的U形对称布置，稳重有礼。传统欧式客厅沙发、座椅往往围绕壁炉或艺术品摆放，营造轻松惬意的氛围。

图2-9 客厅陈设（张瞳作品）

二、卧室的陈设

卧室是人们睡眠与休息的空间，并兼有化妆、更衣、储物、阅读等功能，是所有空间中私密性最强的。这些功能决定卧室陈设的特点是柔和温馨。在处理陈设的节奏时，有"卧室宜满，客厅宜空"的说法，意思是卧室面积不需太大，主要摆放主体家具（床）、储物家具（衣柜），以及适于睡前放松的阅读软椅和小桌（或以飘窗上的靠垫和软毯或皮毛毯代替）后，余下的空间不需太大。在可控的面积中，安全感更足，容易放松下来进入深度的睡眠状态。当然，在卧室也要为爱美的女性布置梳妆组合，儿童房要开辟采光、通风、尺度都很舒适的学习区，形成读书和个人爱好的小天地（图2-10）。

卧室家具布置的形式应大小对称，如果一侧的家具既少又小，可以借助盆景、墙面装饰和摆设来达到平衡，以获得生动而富有韵律的视觉感受。

窗帘和床上用品是卧室中最重要的陈设品，对卧室的装饰有较大影响，在色彩、图案上以和谐呼应为原则。在灯具的配置上，一般采用床头灯和壁灯、灯带相结合的方式，灯光要亲切、温馨、柔和，以暖色居多。不建议在床的上方安装造型体量过于突出的主灯。壁饰要少而精，以品质为重，造型色彩对比柔和，它对卧室安宁舒适情调的形成有着画龙点睛的作用。绿化也是卧室中重要的陈设。卧室除了放床，余下的面积往往有限，应以中、小型盆栽或吊盆植物为主，宜摆放文竹、斑马花、羊齿类植物，因其叶片细小，具有柔软感，且散发香气而松弛神经（图2-11、图2-12）。

图2-10　儿童卧室陈设（葛桂方作品）

图2-11　卧室陈设（郭明月作品）

图2-12 卧室陈设（葛桂方作品）

三、书房的陈设

我国传统的书房又称书斋，是藏书读书的专用房间，兼有琴棋书画等活动，也可与挚友长谈。书房的布置不能过于呆板乏味，应自然安静，尽量提供不同节奏的阅读工作方式。例如，除书桌座椅的常规配置外，在窗边或书架旁灵活摆放小型单人沙发，不仅可以更加轻松悠闲地阅读，还可以缓解疲劳和单调。书房的视觉和功能重心均为书桌，书桌一般放在自然采光充足舒适的位置，书房内主要的功能性和装饰性陈设均在书桌及其邻近的视觉范围内。书格或书柜兼放书籍和艺术品，书桌较近处放琴几，较远处设棋桌用于闲时对弈，在适当位置放鱼缸或绿植，用于观赏并增加室内生气，这种有层次的陈设使书房内形成以书桌为主体的数个功能子系统组合成的书房陈设群。书房的陈设最能体现主人的兴趣爱好，由于从事的职业不同，书房的陈设风格也会有所不同（图2-13）。

写字台与电脑桌是分开还是组合，也应视使用的方便而定，不过许多人还是喜

图2-13　书房陈设（郭明月作品）

欢将二者转角组合起来。写字台和电脑桌在书房中的布局，大致可以遵循这样的原则，即在不开灯的白天，也能保证书桌的左、前、右方有较为明亮的光线，而电脑的屏幕不要正对窗户，以避免视屏产生过于明显的光斑。另外为确保电脑运行良好，书房的门窗应保持空气对流畅通，可控制在1m/s左右的风速，以维持良好的通风环境。书房的温度要适当，湿度也应控制在40%～60%。舒适优美的环境可以帮助使用者在较长时间内保持良好的工作学习状态。

四、餐厅的陈设

一家人围坐在一起用餐是非常美好的生活场景。餐桌是餐厅中的主角，因此餐厅的布置首先是对餐桌的选用。选择合适的餐桌，首先要考虑用餐区的面积，如果房屋面积很大，有独立的餐厅，可选择富于厚重感觉的餐桌和空间相配。餐桌有方有圆，较大的餐厅可用圆形桌或长条西餐桌。如果餐厅面积有限，可视就餐人数选择伸缩式餐桌，方便自由调节。目前，市场上出售的餐桌以木质、透明玻璃或浅色岩板为主。餐桌的具体样式（主要体现在桌腿和桌角）可根据居住空间的整体风格来选择，搭配套系感较强的桌旗、餐布、餐垫、烛台和插花烘托就餐氛围。餐桌中心可选择较高的花器绿植或者烛台营造视觉中心，产生向心围合的气场，营造团聚一堂的温馨氛围。

灯光对餐厅的气氛和格调起着不可替代的作用，家庭用餐环境以温馨为主。和餐桌形状呼应的暖光吊灯，可以刺激用餐者的胃口，给人以轻松愉悦的感觉。一般而言，餐厅吊灯的吊杆较长，灯体的位置较低，与餐桌上的视觉中心陈设相呼应，空间一体的形式感就形成了。餐厅的绿化和点缀也很重要，如果就餐人数不多，餐桌比较固定，可在桌面放一盆绿色赏叶类或观茎类植物，餐厅的一角或窗台上摆放繁茂的花卉，会使餐厅生机盎然。餐厅还可摆放一个大小适当的橱柜，存放展示酒类或酒具、餐具，具有装饰效果，用起来也方便（图2-14）。

图2-14　餐厅陈设（陈晨作品）

五、厨房的陈设

作为一日三餐的操作空间，厨房使用得非常频繁。人们重视饮食的营养健康和美味，也关注烹饪操作的舒适和乐趣，厨房逐渐成为单位面积投资最多、设计最讲究的地方。

目前我国小康之家的标准厨房面积一般在 6 ~ 10m²。而海外发达国家和地区，厨房和餐厅是连通的，面积在 20m² 左右，所设置的燃气灶、操作台、餐桌、吊柜、立柜及壁橱等都带有极高的装饰品位。厨房按照准备食材、清洗食材、加工食材、烹饪、上桌的操作步骤来布局，环环相扣，每一步所需的厨具、电器也要有条不紊。整体厨房将橱柜和厨用家电按照使用要求进行合理布局，巧妙搭配，实现了厨房家电一体化。定制时设计师依照家庭成员的身高、色彩偏好、文化修养、烹饪习惯、厨房空间结构和照明进行科学合理的设计，着眼于整合功能，立足于使用便捷、易于维护（图 2-15、图 2-16）。

图 2-15　餐厨陈设（张新琦作品）

图2-16　厨房陈设（葛桂方作品）

六、卫浴的陈设

随着人均居住面积的增加，现代生活理念的导入，设计师开始从人性化的角度考虑开发大面积细分型的卫浴空间。现代卫生间的基本功能包括盥洗、洗浴和如厕，还可延伸休闲、化妆、清理功能，布置时按照这些功能的使用频率，使用频率高的在流线的前段，使用频率低的在流线的后段。即使卫生间中不起眼的设施，也应于细微处让人有舒适、放松甚至是享受的感觉。以此为出发点，市场上卫浴设施新品层出不穷，坐便器、浴缸和淋浴器等花样不断翻新，可谓与时尚生活同步发展，体贴入微又赏心悦目（图2-17）。

七、庭院或阳台的陈设

林语堂先生曾说过："当一个人随心所欲之时，他的个性才显露出来……我们才看到了他的内心世界，他真实的自我。""造园"就是中国人在追求闲适和内心满

图2-17　卫浴陈设（邹楠作品）

足的传统活动中最精湛的代表❶。在庭院中，人们可以自由地、轻松地、舒适愉悦地享受时光。如果没有庭院，家里的阳台便化身小小的室内或是半室内庭院，发挥同样的作用。只要有最普通的条件，人们就很注重以石、土、植物和水的布局来创造出心目中的自然缩影，成为家庭娱乐的重点。明代作家、园艺家文震亨在他的《长物志》中写道❷："居山水间者为上，村居次之，郊居又次之。吾侪纵不能栖岩止谷，追绮园之踪；而混迹廛市，要须门庭雅洁，室庐清靓。亭台具旷士之怀，斋阁有幽人之致。又当种佳木怪箨，陈金石图书。令居之者忘老，寓之者忘归，游之者忘倦。"真是充满灵感与意境的生活（图2-18）！

---

❶ 那仲良，罗启妍. 家：中国人的居家文化[M]. 北京：新星出版社，2011.
❷ 文震亨. 长物志[M]. 南京：江苏凤凰文艺出版社，2015.

图2-18　庭院陈设（郭明月作品）

中国造园的理论和实践一脉相承，明代就有了系统的论著。晚明的画家兼造园家计成写出《园冶》，他主张在设计布景上体现自然天成，提出了"巧于因借，精在体宜""虽由人作，宛自天开""顿开尘外想，拟入画中行""触情俱是"等重要命题。❶明代的陈继儒（另一说是明代的陆绍珩）认为理想居所应是这样：门内有径，径欲曲；径转有屏，屏欲小；屏进有阶，阶欲平；阶畔有花，花欲鲜；花外有墙，墙欲低；墙内有松，松欲古；松底有石，石欲怪；石面有亭，亭欲朴；亭后有竹，竹欲疏；竹尽有室，室欲幽；室旁有路，路欲分；路合有桥，桥欲危；桥边有树，树欲高；树阴有草，草欲青；草上有渠，渠欲细；渠引有泉，泉欲瀑；泉去有

---

❶ 计成. 园冶［M］. 张则桐，译. 西安：三秦出版社，2021.

图2-19 中式庭院陈设（郭明月作品）

山，山欲深；山下有屋，屋欲方；屋角有圃，圃欲宽（图2-19）。❶

值得注意的是，现代生活的快节奏促进了东西方文化的交融混合，中国人居住空间的结构近年来日益现代化，与此相应的陈设方式受外来文化特别是欧美文化的影响巨大，因此出现了很多复制、模仿外国陈设方式的现象。而由于民族传统文化的延续性，西方人的生活方式并没有完全移植过来，形成了很多特有的中西混搭陈设样式。如壁炉在中国的别墅中大量采用，但多是摆设，远离沙发，没有与壁炉形成区域围合；西式餐厨一般为开放式设计，厨房中央设有岛台，这对于中餐的烹饪方式是不太适宜的，因此很多别墅都分别设有中厨和西厨两个厨房……这些现象说明，在居住空间的陈设艺术中，既不能按照西方的生活模式简单套用，也不能毫无依据地主观编造，需要在社会学、行为心理学及生活方式等诸多方面做进一步的分析，将每个设计都延伸为一场与生活、生命状态的对话，才能将"居住空间"转变为"家"，将"居住地"转变为"居心地"。

❶ 那仲良，罗启妍. 家：中国人的居家文化［M］. 北京：新星出版社，2011.

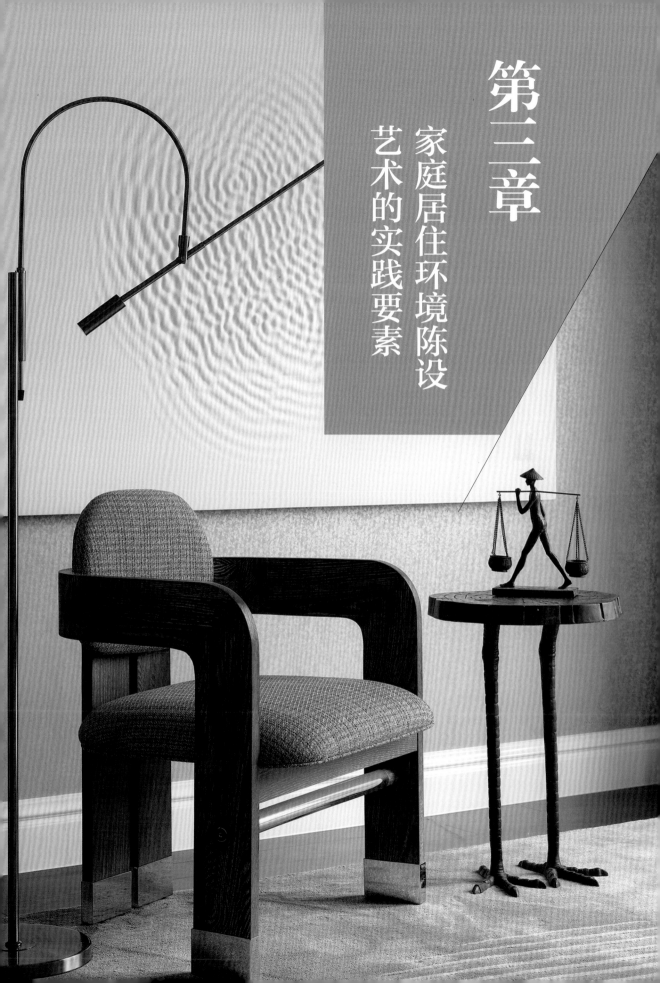

第三章
家庭居住环境陈设
艺术的实践要素

本章介绍家庭居住环境陈设艺术的概念表达、操作流程与各种常见陈设品类的应用方法，旨在帮助读者掌握功能空间整体和局部的陈设要素，提升陈设艺术的鉴赏和实践能力。读者对于市场了解的不深入和对各种装饰材料的不熟悉是本章的主要难点，最大的难点在于对空间摆放节奏的控制，理解起来也稍有难度。

第一节　家庭居住环境陈设的概念表达与操作流程

家居陈设艺术的概念表达是通过效果图、图片注释、文案策划等多种多样的形式来展现设计意图与目标。如果没有艺术设计专业背景，不会绘制图纸，也完全可以用图片、文字的方式来表达。

一、家居陈设设计表达

1.效果图的表达

陈设艺术效果图是形象化的目标说明，集中体现了主题构思、单体选型、位置关系、色彩和肌理搭配。效果图的表现手法多种多样，有铅笔素描表现、水彩表现、钢笔淡彩表现、马克笔表现、电脑辅助设计表现等。

（1）手绘构思图。徒手表现是设计师与自己的一种对话，也是演绎创意的手段。手绘的目的在于寻找一种载体，使纸上的图形最终物化为现实生活中的实体。它的最大价值在于设计的构思过程和原创精神（图3-1）。

手绘陈设设计概念表达要求充分理解陈设的构思和设计方法，具备一定的艺术修养和绘画基础。室内的比例尺度与人体更为接近，照明形式也较室外建筑复杂多变，对家居陈设物的表现要求更细致入微，光影的处理和质感的体现都有相当的难度。因此，一定的绘画功底是必不可少的。

陈设艺术表现图虽然同一般绘画有不少相通之处，但也有许多自身的特点。相对于纯绘画而言，陈设艺术效果图更注重程式化的表现技法：它有许多严格的制约

图3-1　手绘图（杨晴作品）

和要求，更多地强调共性而非个性表现，作画步骤也十分理性。首先要根据透视原理搭建空间界面，然后按照比例尺度和位置关系将陈设的设计内容按照从近到远、从下到上的顺序绘制到位，最后按照由浅入深的步骤画出色彩、肌理和光泽感。绘制过程并非平铺直叙，应强化主次关系、组团关系，在绘制的过程中深入分析内在抽象的设计问题（图3-2）。

图3-2　手绘图（郑晓倩作品）

（2）电脑辅助设计效果图。电脑辅助设计效果图是通过电脑辅助手段形象直观地表现陈设效果的方式，是电脑高科技和绘画艺术相结合的产物，它和以前的手绘效果图有着密不可分的关系，可以为设计者创造全方位的立体空间和还原度极高的环境效果。专业的电脑效果图绘制需要用到3D MAX、Lightscape、Sketch Up、Photoshop等软件，随着家居产业智能化的发展，互联网家居设计程序"酷家乐"等操作简单，轻松上手，可以帮助没有专业背景，只能够进行简单电脑操作的人士快捷地模拟和选择陈设效果（图3-3）。

图3-3　电脑效果图（邹楠作品）

随着AI技术的普及，AI实时生成的方案图和动画可以作为很清晰便捷的设计辅助。AI在使用门槛、渲染质量、数据自动适配、交互修改效率方面代表了最新的方向，设计者关注AI发展并发挥其优势会为作品带来新的面貌。但需要清醒地认识到，设计的核心是生活情感与创造力。AI适于作为辅助支持，还是无法替代人的创造性思维与复杂问题的观察解决能力。

2.陈设艺术文案策划

通过编辑、撰写文字内容表达陈设艺术的设计创意。

（1）陈设艺术文案策划的要求。

①语言准确规范、点明主题。语言准确规范是编写文案的最基本要求。编写文案时为了实现对设计主题和创意的有效表现，首先要求文案中的语言表达规范完整，避免语法错误或表达残缺，避免产生歧义或误解。文案中的语言要尽量通俗化、大众化，避免使用冷僻或者过于专业化的词语。

②表达文字简明精练、言简意赅。文案在文字语言的编排上，要简明精练、言简意赅。第一，要以尽可能少的语言表达出陈设艺术主题的内涵。第二，简明精练的文字加上注目的视觉图片等，此类文案有助于吸引使用者的注意力并能迅速记录下设计主题思想。第三，要尽量使用简短的句子，以防止使用者因语句冗长而产生反感。

③视觉效果生动形象、表明创意。文案生动形象能够吸引客户的注意，激发他们的兴趣。要求在进行文案创作时采用生动活泼、新颖独特的语言，同时辅助以一定的视觉图像来配合说明其陈设意图。

（2）陈设艺术文案策划的构成。陈设艺术文案由创意标题、陈设说明、具体实施方案及图像构成。在陈设艺术文案策划构成中，文案的文字与视觉图案、图形同等重要，图形具有前期的冲击力，主题思想命题具有较深的影响力。

①创意标题。它是陈设主题思想的中心，往往也是文案内容的表达中心。它的作用在于吸引使用者对文案的关注，引发对本陈设方案的兴趣。只有当使用者对标题产生兴趣时，才会阅读正文。标题的设计形式有祈使式、新闻式、口号式、诗词式等。标题撰写时语言要简明扼要、易懂易记、传递清楚、新颖个性，句子中一般在12个字以内为宜。

②陈设说明。陈设说明是将陈设方案以文字的形式具体说明，增加使用者对设计意图的了解与认识，以理服人。撰写内容要实事求是，通俗易懂。不论采用何种题材式样，都要抓住主要的信息来叙述，言简意赅。譬如陈设品的品种、款式、材料、色彩、品位倾向、文化素养等。

③具体实施方案。具体实施方案以不同功能类型的房间为单位，例如共享功能的门厅、客厅、餐厅、阳台等，私密功能的卧室、书房、卫生间等，还有家务操作功能的厨房、储物间等。建议采用简明的清单表格的形式，根据陈设主题、分主题和具体手法，列出每个房间的家具以及装饰品品类、数量，注明色彩和材质特征。品类的选型最好能用参考图示体现出来，色彩和材质特征以清晰简明的关键词进行描述（图3-4）。

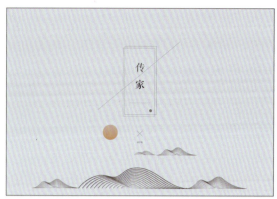

图3-4　陈设艺术文案策划（部分作品）（侯宇婧作品）

二、家居陈设的操作流程

合理的操作流程是保证质量的前提，一般分为四个阶段：初步意向阶段、陈设设计阶段、预算阶段、陈设实施阶段。

1.初步意向阶段

此阶段主要的工作如下：

（1）收集陈设意向资料。以装饰风格元素为主线，不同风格的内容不同，提取装饰的文化内涵为陈设服务。家居陈设应表达一定思维、内涵和文化素养，对塑造室内环境形象、表达室内气氛、创新环境起到画龙点睛的作用。

（2）综合分析硬装情况。

（3）陈设构思。

（4）与同类陈设方案比较。

2.陈设设计阶段

（1）陈设设计准备。

①设计的目的与任务。明确陈设设计的目的与任务是设计前期阶段首要把握的问题，只有明确需要做什么，才能明白应该做什么、怎样去做，才能产生精准的设计构思与设计方案。

②项目计划书。陈设设计应有相应的项目计划，必须对已知的任务进行内容计划，从内部分析到工作计划，形成一个工作内容的总体框架。

③设计资料和文件。对项目性质、现实状况和远期预见等进行调研，根据不同空间的性质与功能要求、用户类型、需求、沟通意见等综合结果，着手陈设设计。

（2）现场硬装分析。

①资料分析。对空间硬件装修进行分析，认识、了解自己的工作基地和基本条件。

②场地实测。对设计空间进行现场实地测量，并对空间的各种关系现状做详细记录。

③设计咨询。包括情况咨询、市场定位和用户需求三部分。

情况咨询：对所涉及的各种法律法规要有充分的了解，因为它关系到安全、健康。咨询内容包括防火、防盗、空间容量、交通流向、疏散方式、日照情况、卫生情况、采暖及电气系统等。

市场定位：实现设计思考的依据来源于对陈设市场的了解，得出相应的市场判断，对其设计实现初步定位。

用户需求：设计者必须充分了解用户的需要，对用户的资金投入、审美要求等有尽可能清晰的把握。

（3）初期方案设计阶段。在初期方案设计阶段应提供的服务包括：

①审查并了解用户的项目计划内容，把对客户要求的理解形成文件，并与客户达成共识。

②初步确认任务内容、时间计划和经费预算。

③通过与用户共同讨论，获得对有关实施的各种可行性方案的一致意见。

这一阶段最主要的工作是确认项目计划书，对陈设设计的各种要求以及可能实现的状况与客户达成共识。明确项目计划，并对项目进行可行性方案讨论，要以图纸和说明书等文件作为相互讨论的基础。

该阶段的工作内容是制定一套初步设计文件，包括图纸、计划书、概括陈设设计说明。

初期设计阶段的文件要送用户审阅，得到用户认同后才可进行下阶段的工作。

（4）深入设计阶段。深入设计阶段的服务有以下内容：在用户所批准的初期设计基础上，根据用户对项目计划书、时间以及预算所做的调整，做深入的设计计划。深入设计阶段工作具有统筹全局的战略意义，以设计任务的相关要求为依据，使陈设的基本使用功能、材料及加工技术等要素综合以空间手段、造型手段、材料手段以及色彩表现手段等，形成一种较为具体的工作内容，其中一定的细部表现设计，能明确地表现出技术上的可能性和可行性。

该阶段的设计文件有以下内容：

①陈设设计所需的施工图。

②材料计划（图3-5）。

③详细陈设设计说明。

图3-5　材料计划（郭明月作品）

3.陈设预算阶段

预算是指以设计团体为对象编制的人工、材料、陈设品费用总额，即工程计划成本。预算是进行劳动调配、物资技术供应、反映个别劳动量与社会平均劳动量之间的差别，控制成本开支、进行成本分析和班组经济核算的依据。编制预算的目的是按计划控制劳动和物资消耗量。它依据施工图、施工组织设计和施工定额，采用实物法编制。表3-1所示为陈设设计材料清单示例。

表3-1　陈设设计材料清单示例

PROJECT/项目名称：				DECO STYLE/风格：				
PLAN MODEL/户型：				CLASS/类别：家具				
AREA/面积（m²）：				DATE/日期：				
家具清单								
序号	位置	名称	参考图样	规格/mm	数量	单价		合计
合　计								

4.陈设实施阶段

（1）提前安排实施进度计划。陈设品定制或采购需要的周期不一，一般为0.5～3个月，再预留10%的时间应对突发问题。需要根据经验和厂商的反馈，按时间先后安排产品分阶段验收和进场。

（2）按照设计图纸整合现场效果。在现场的自然和人工光环境下，按照整体—细节—整体的步骤，先明确整体空间的氛围，再调整搭配的细节，包括位置、角度、色彩和肌理。现场的细节繁多细碎，此时要保持鲜明的空间情感感知和叙事线，避免简单生硬的罗列。对于老人、儿童、残障人士活动的空间，要将无障碍和友好型的设施落实到位。最后，再进行整体的检验提升：贴合功能需求，突出审美特色，关注动线、视线等抽象因素的延伸呼应，组团和重要节点的节奏处理到位。

（3）现场验收。用户进行现场验收时，如遇设计变量，采用现场多方沟通的方式。说明使用要点、注意事项、维护保养方法，提示用户注意生态环保和循环利用（图3-6）。

图3-6　陈设实施（葛桂方作品）

第二节　家庭居住环境陈设的品类

陈设品按使用性质，可以分为以下两大类。

一、实用性陈设品

实用性陈设品涉及范围很广，一般把具有使用功能的陈设品都归为实用性陈设品，如家具、织物、电器、灯具、生活器皿等，它们以实用功能为主，同时外观也具有良好的装饰效果。大致分为以下几类：

1.家具

家具主要表达空间的属性、尺度和风格，是家庭居住陈设品中最重要的组成部分。家具可分为中国传统家具、外国古典家具、近代家具和现代家具。中国传统家具有着悠久的历史，从商周时期席地而坐的低矮家具到中国传统家具鼎盛时期的明代家具，其间经历了三千多年的演变和发展，形成众多不同造型和风格的家具形式，从而构成中式风格的家庭居住陈设中必不可少的元素。外国古典家具主要是指19世纪之前的巴洛克式家具、洛可可式家具、新古典主义家具、帝国风格家具。随着社会的发展，发明机械动力的工业革命推动了技术的变革，社会形态和生活方式逐渐改革，家具设计和制作方法也随之改变，家具的形式、结构也随着工业革命的到来发生了巨大的变化。第二次世界大战后，随着经济的复苏，工业技术迅速发展，各种新材料、新技术的层出不穷为现代家具提供了物质基础，家具的设计也形成多元化的格局，展现在人们面前的是各具个性、特色与风格的新局面（图3-7）。

2.织物

织物陈设是家居陈设的重要组成部分。随着经济技术的发展、人们生活水平和审美趣味的提高，织物陈设的运用越来越广泛。织物陈设以其独特的质感、色彩及设计赋予室内空间那份自然、亲切和轻松，越来越受到人们的喜爱。它包括地毯、壁毯、帷幔窗帘、覆面织物、坐垫靠垫、床上用品、餐厨织物、卫生盥洗织物等，既有实用性，又有很强的装饰性（图3-8）。我国民间常用扎染、蜡染、刺绣等制成生活日用品用于室内装饰，以增强室内环境气氛，如贵州蜡染花布、云南云锦、广东的潮汕抽纱、苏州缂丝等。其中刺绣具有浓郁的民族风格和地方特色，也是环境陈设的重要元素。

图3-7 个性家具陈设（葛桂方作品）

图3-8 纺织品陈设（郭明月作品）

3.电器

电器不仅具有很强的实用性，其外观造型、色彩质地也都富有特色，具有很好的陈设效果。电器包括电视机、电冰箱、洗衣机、空调机、音响设备、计算机及厨房电器等，智能联网技术实现了电器一体化、精细化的操作控制，是住宅整体智能化、个性化的重要部分。电器在与其他家居陈设结合时一定要考虑其尺度关系，造型、风格更要协调一致。视听设备应考虑到人的视觉、听觉，确保视距合适，避免将设备放置过高，根据人体工程学原理，人的视线在水平线以下10°时感觉最舒适。电器用品的选配与摆放还要注意艺术性，有时结合一些小体量的摆设陈列，会使室内显得更加生动有趣。

4.灯具

灯具是营造室内光环境的器具，用来控制光的照度、色温、显色性和照明形式。在夜晚或日光照度不足的情况下，人们工作、生活、学习都离不开灯具。灯具用光的不同，可以制造出各种不同的气氛情调，而灯具本身的造型变化更会给室内环境增色不少，在进行室内陈设时必须把灯具当作整体的一部分来考虑。灯具的形、质、光、色都要求与环境协调一致，对重点装饰的地方，更要通过灯光来烘托，凸显其形象（图3-9）。灯具大致包括吊灯、吸顶灯、隐形灯带、射灯、落地灯、台灯、壁灯及一些特种灯具。吊灯、吸顶灯、灯带属于一般照明方式；射灯、落地灯、壁灯属于局部照明方式，一般室内多采用混合照明方式。

图3-9 灯具陈设（郭明月作品）

5.书籍杂志

陈列在书架上的书籍，既有实用价值，也可增添空间的书香气，显示主人的高雅情趣。尤其是在图书馆、写字楼、办公室等一些文化类建筑空间中，书籍杂志是作为主要陈设品出现的。书架的设立要符合人体工学原理，应有不同高度的框格以适应各种尺寸的书籍摆放，并能按书的尺寸随意调整。书籍可按其类型、系列或色彩来分组，一般采用立放，有时将一本书或一套书横放也会显得生动有趣。可同时将古玩、植物及收藏品与书籍穿插陈列，以增强室内的文化品位（图3-10）。杂志也很适合室内装饰，杂志的封面色彩鲜艳、设计新颖，装帧精美，可以用作室内书架、台面、沙发的点缀。

图3-10　收藏品与书籍组合陈设（郭明月作品）

图3-11　器皿陈设（葛桂方作品）

图3-12　花果陈设（葛桂方作品）

6.生活器皿

许多生活器皿如餐具、茶具、酒具、炊具、食品盒、花器、竹藤编制的盛物篮及各地土特产盛具等都属于实用性陈设。生活器皿的制作材料和工艺很广泛，有玻璃、陶瓷、金属、塑料、木材、竹子等。其独特的质地能产生不同的装饰效果，如玻璃晶莹剔透，陶瓷浑厚大方，瓷器洁净细腻，金属光洁富有现代感，木材、竹子朴实自然。这些生活器皿通常可以陈列在桌台、茶几及开敞式柜架上。它们的造型、色彩和质地具有很强的装饰性，可成套陈列，也可单件陈列，使室内具有浓郁的生活气息（图3-11）。

7.瓜果蔬菜

瓜果蔬菜是大自然赠予我们的天然陈设品，其鲜艳的色彩、丰富的造型、天然的质感及清新芬芳的气息，给室内带来大自然的气质（图3-12）。瓜果蔬菜种类繁多，常用作陈设品的有苹果、梨、香蕉、菠萝、柠檬、海棠果、辣椒、南瓜等，可根据室内环境需要选择陈列。色彩鲜艳、大小不一的瓜果蔬菜可使室内产生强烈的对比效果，而一些同类色的蔬菜瓜果能起到统一室内色调的作用。

8. 文体用品

文体用品也常用作陈设品。文具用品在书房中很常见，如笔筒、笔架、记事本等；乐器在居住空间中陈列得很多，可使空间透出高雅脱俗的感觉（图3-13）；体育器械也可出现在家庭居住陈设中，如各种球拍、球类、健身器材等，可使空间环境显得勃勃生机（图3-14）。

图3-13　乐器陈设（葛桂方作品）

图3-14　健身器材陈设（王睿作品）

二、装饰性陈设品

装饰性陈设品是指本身没有实用性，主要作为观赏的陈设品，包括装饰品、纪念品、收藏品、观赏动物、盆景花卉等。

1.装饰品

根据其制作方法和艺术价值，装饰品可以分为艺术作品和工艺品两大类。通常我们把绘画、书法、雕塑、摄影等称为艺术作品，而将陶瓷、景泰蓝、漆器或民间扎染、蜡染、布贴、剪纸等称为工艺品，它们都具有很高的观赏价值，能丰富视觉效果，装饰美化室内环境，营造室内环境的文化氛围（图3-15）。装饰品的选择应与室内风格相协调，如传统的中国画、书法，其特有的画法、画风及意境表达适合陈设在雅致、清静的空间环境中；西方的油画往往表达深沉凝重的内涵，适合陈设在新古典风格的空间中；而西方现代绘画却常常表现出轻松自如的风格，可与现代风格的室内装饰相配。

图3-15　装饰品陈设（郭明月作品）

2.纪念品

家传的器物、亲朋好友的馈赠、证书、奖杯奖章等都属于纪念品，它们既有纪念意义，又能起到装饰作用。有些茶室、酒吧等常把20世纪50～60年代的老照片、老唱片挂在墙上，使顾客生出对往事的追念和亲切感。居住空间中也常常能看到富有纪念意义的奖章、奖杯、结婚纪念物、旅游纪念品等，每一件纪念品都珍藏了一个故事、一段回忆，给人怀旧之感。

3.收藏品

收藏品最能反映家庭成员的兴趣、爱好和修养，往往成为寄托主人思想的最佳陈设，一般在室内都用博古架或壁龛集中陈列（图3-16）。因个人爱好而珍藏、收集的物品都属于收藏品，如古玩、古钱币、民间器物、邮票、花鸟标本等。

图3-16　玩具收藏品陈设（葛桂方作品）

4.观赏动物

观赏动物以鸟类和鱼类为主，鸟的羽毛色彩斑斓，鱼的颜色缤纷绚丽，它们既是人类的伴侣，又是富有灵性和美感的动态陈设物。鸟的种类繁多，在室内场所豢养的笼中鸟以鹦鹉和金丝雀等居多，鸟儿悦耳的叫声使人犹如置身大自然的怀抱，身心得以舒缓。鱼类中常被人工养殖和观赏的有金鱼和热带鱼等，鱼儿游弋的身形给室内环境平添灵动的气氛，带来身心的畅快。

5.盆景花卉

盆景花卉经济美观，一盆绿叶、一束鲜花就能使环境充满生机与灵性，还能提高空间环境的质量（图3-17）。近年来，许多公共建筑、家庭住宅都把盆景花卉作为室内环境不可缺少的陈列装饰，甚至有些公共建筑室内还大面积种植草坪和树木，寓意大自然的生命之树常青。盆景花卉要注意与装饰风格的协调。中国传统的盆景花卉，重视意境创造、人文思想的传达；欧美国家喜欢将大型的盆栽植物置于室内，把不同颜色、不同花形的花插成一大丛，看起来既华丽又气派；日本人对插花非常讲究，无论形态、色彩还是构图都要求能体现意境，表达禅味。

图3-17　花卉陈设（郭明月作品）

第三节　主要陈设品类的设计应用

一、家具

1.家具的种类

家居陈设艺术的主要操作就是对一定数量的单体陈设品进行整合设计，家具作为在室内空间中占有绝对数量的大型组合物，与人们的行为方式息息相关，自然就成为陈设的主角。

按照不同的分类方式，家具可以划分为表3-2所列几种类型。

表3-2　家具的分类

根据功能	根据结构形式	根据使用材料	根据人体工学原则
坐卧类家具	框架结构家具	木、藤、竹质家具	人体类家具
凭倚类家具	组装家具	板式家具	准人体类家具
橱柜类家具	折叠家具	塑料家具	建筑类家具
装饰类家具	冲压式家具	金属家具	
		石材家具	
		复合家具	

（1）根据功能分类。

①坐卧类家具。该类家具是家具中最古老、最基本的家具类型。家具经历了由早期席地跪坐的矮型家具到中期的垂足而坐的高型家具的演变过程，这是人类告别动物的基本习惯的一种文明创造行为，也是家具最基本的文化内涵。坐卧类家具是与人体接触面最多、使用时间最长、使用功能最多最广的基本家具类型，其造型式样也最多最丰富（图3-18）。坐卧类家具按照使用功能的不同可分为三大类，即椅凳类、沙发类、床榻类。

②凭倚类家具。该类家具是与人类工作方式、学习方式、生活方式直接发生关系的家具。其高低、宽窄以及造型必须与坐卧类家具配套设计，具有一定的尺寸要求。在使用上可分为桌与几两类，桌类较高，几类较矮。桌类有书桌、餐桌、餐台、工作台、电脑桌等，几类有茶几、条几、花几等。几类家具发展到现代，茶几

图3-18　坐卧类家具陈设（郭明月作品）

成为其中最重要的种类。由于沙发在现代家具中的重要地位，茶几随之成为家具设计中的一个亮点。茶几正在从传统的实用配角的家具变成集观赏、装饰于一体的陈设家具，成为一类独特的具有艺术雕塑美感的视觉焦点家具。在材质方面，除传统的木材外，玻璃、金属、石材、竹藤的综合运用使现代茶几的造型与风格千变万化，异彩纷呈，美不胜收。

③橱柜类家具。橱柜类家具也被称为贮存家具，在早期家具发展中还有箱类家具也属于此类。由于建筑空间和人类生活方式的变化，箱类家具正逐步消失，其贮藏功能被橱柜类家具所取代（图3-19）。橱柜类家具虽然不与人体发生直接关系，但设计上必须在适应人体活动的一定范围内来制定尺寸和造型。橱柜类家具在使用上分为橱柜和屏架两大类，在造型上分为封闭式、开放式、综合式三种形式，在类型上分为固定式和移动式两种基本类型。法国建筑大师、家具设计大师勒·柯布西耶早在20世纪30年代就将橱柜类家具放在墙内，美国建筑大师赖特也以整体设计的概念将橱柜类家具设计成建筑的结合部分，可以视为现代橱柜类家具设计的典范。由于数字化技术的日益普及与流行，CD碟片架也成为现代陈列性家具设计新品种。同时，工艺精品、瓶花名酒、书籍杂志等不同功能的陈列正在日益走向组合化，构成现代住宅的多功能组合柜（图3-20）。

图3-19　衣帽间橱柜类家具陈设（潘轶作品）

图3-20　组合陈列（葛桂方作品）

④装饰类家具。屏风与隔断是特别富有装饰性的间隔家具，尤其是中国传统明清家具中的屏风、博古架更是独树一帜，以其精巧的工艺和雅致的造型，使室内空间层次更加丰富通透，空间的分隔和组织更加多样化。屏风与隔断对于现代建筑强调流动空间而言，兼具有分隔空间和丰富变化空间的作用。随着新材料、新工艺的不断出现，屏风或隔断已经从传统的绘画、雕屏等制作工艺发展为标准化部件组装，金属、玻璃、塑料、人造板材制造的现代屏风，创造出独特的视觉效果。

（2）根据结构形式分类。

①框架结构家具包括包板框架家具和框架镶板家具。

②组装家具便于运输和搬运。

③折叠家具便于携带和运输，适合工作流动性较大的人员使用。

④冲压式家具造型优美，曲线多变，满足不同的环境要求。

（3）根据使用材料分类。

①木、藤、竹质家具具有质轻、高强、淳朴、自然等特点。

②板式家具便于机械化生产，是目前广泛应用的家具类型。

③塑料家具耐老化但耐磨性稍差。

④金属家具是以金属为主材并配以玻璃、人造板、皮布等辅材制成的家具。

⑤石材家具比较笨拙，多用于室内外空间的固定布置。

⑥复合家具是以两种及两种以上的材料为主制成。

（4）根据人体工学原则分类。

①人体类家具是支撑人的身体、承受人体重量的家具。

②准人体类家具不需要支撑人的身体，但需要人进行操作。

③建筑类家具是附属于建筑物上作储物用的家具。

2.家具的选择与应用

（1）家具按区摆放。家具依据使用功能组团来布置，列举几个重要的组团：不同体量的沙发、茶几、边几组成客厅里的沙发组团，餐桌、餐椅、餐边柜组成餐厅里的用餐组团，床、床头柜、床尾凳组成卧室里的睡眠组团，书桌、座椅、书柜组成书房里的工作组团。在一个组团内，高大家具与低矮家具还应互相搭配布置，高度一致的组合柜严谨有余而变化不足，家具的起伏过大，易造成凌乱的感觉。通过低矮家具、高大家具有序过渡，营造出一种视觉上由低向高逐步伸展的效果，以获得生动而有韵律的视觉体验（图3-21）。家具的布置应该大小相衬，高低相接，错落

图3-21　按功能区布置家具（葛桂方作品）

有序。若一侧家具既少又小，可以借助盆景、灯具、摆件或墙面装饰来达到平衡效果。

（2）家具陈设布置要点。

①先观察好房间的结构，确定活动中心，再安放家具。

②考虑好贯通空间的过道，再安放家具，避免影响正常的动线。

③视房间面积大小放置相称的家具。

④尽量利用家具的视觉效应来变化房间的大小。

⑤将墙面做出层次、色彩的变化，以拉深视觉。

⑥坚硬的家具材质和柔软的家具材质混用，力求匀称。

（3）家具陈设位置。家具陈设要遵循功能合理和便于使用的原则。

①书桌。书桌应尽量安放在靠窗或光线充足、通风良好的地方。如果还需搭配其他家具，要注意留有足够的活动余地。

②沙发。沙发是家庭成员就坐休憩的行为模式、交谈互动的交流方式、激发分享的情感价值的物质载体，应放置在室内的交流活动区，在充足的光线环境中，可为室内带来活跃的气氛。

③床。床不宜直接对门或放置在靠窗台的位置，否则容易产生房间狭小的感觉。同时，床最好不要正对大衣柜的镜子。

④柜橱。因为多数柜橱比较高大，不宜靠近门窗，以免影响室内光照，而且家具长时间风吹日晒，也容易造成变形损坏。一般来说，高大的柜橱应放在靠墙的一角。在门或窗台处，应放置低矮的家具。这样，高低过渡，互相呼应，使室内整体和谐统一。

（4）家具色彩搭配。家具色彩的色相、明度、纯度、冷暖可以影响使用者的感知和情绪，因此选购家具时应注意家具色彩的不同特点。

橘黄色被视为十分明朗的颜色，也是活力的象征，是活泼、让人振奋的色彩（图3-22）。灰色是黑色和白色的混合色，灰色可深可浅、可冷可暖，和周

图3-22　活泼明朗的家具色彩搭配（葛桂方作品）

图3-23 灰色系搭配（侯宇婧作品）

围环境极易融合（图3-23）。紫色包含对立的两面，它是代表主动的红色与代表被动的蓝色的混合色。紫色表达了内部的不平静和不平衡，它兼有神秘与迷人的特点。红色能取得生气勃勃、喜气洋洋的效果，自身也具有独特的个性，这也是为什么若想要房间更加充满生气就要选择红色的原因。同红色搭配在一起的颜色容易显得黯然失色，但黑色和白色与之搭配反而格外光彩照人。棕色是木材和土地的本来颜色，它会使人感到安全、温暖、亲切。在摆放着棕色家具的房间里，更容易让人放松，体会到家的感觉。棕色还是地板的理想颜色，因为棕色会使人感觉平稳安定。蓝色象征平静、内向；淡蓝色代表友善、纯净、易于创造气氛；深蓝色则传达坚实、紧缩的特质。绿色是大自然的颜色，因为人们都愿意亲近自然，所以绿色很容易被大众所接纳和喜爱。

（5）家具摆放禁忌。沙发不能长期摆放在窗户旁边，尤其房间朝向西面的。猛烈的阳光会令沙发表面褪色，直接影响沙发的耐用性。影音器材摆放的位置也要远离窗户，原因有两个：一是由于电视机的荧光屏在光线照射下会产生反光，使家庭成员在观看电视节目时眼睛感到不舒服。二是靠近窗户会沾染尘埃，下雨时，雨水更可能溅到器材，影响其性能，甚至发生漏电现象。市场灯饰大多以吊灯为主，使用必须得当。如室内空间较低，就要留意吊灯的高度，太低会妨碍走动。吊灯安装在中间位置，光线会更均匀。书桌的桌面应低于肘部以方便活动。吊柜顶部与地面的距离最好不要超过2m。艺术柜有两层的话，第一层最好以平视能看到里面放置的物件为理想高度，第二层则以手举高即可拿取到东西为佳。床不宜对着镜子，因为镜子会反射周围事物，人在意识模糊的状态下可能会受惊。床不宜位于梁下，因为躺在梁下，潜意识会感到受压迫。

二、布艺织物

1.室内布艺织物的种类

传统意义上的布艺织物，即指布上的艺术，是中国民间工艺中一朵瑰丽的奇葩。中国古代的民间布艺主要用于服装、鞋帽、床帐、包裹、玩具和其他小件的装饰（如头巾、香袋、扇带、荷包、手帕等）等，是以布为原料，集民间剪纸、刺绣、制作工艺于一体的综合艺术。这些日常生活布艺不仅美观大方，还增强了布料的强度和耐磨能力。时至今日，布艺有了另一种含义，即指以布为主料，经过艺术加工达到一定的艺术效果，满足人们生活需求的制品。当然，传统布艺手工和现代布艺装饰之间没有严格的界限，传统布艺也可以自然地融入现代装饰中。布艺在现代家庭中越来越受到人们的青睐，它柔化了室内空间生硬的线条，赋予居室一种温柔的格调，或清新自然，或典雅华丽，或浪漫温馨。常见的布艺装饰包括窗帘、床品、坐垫、靠垫、台布、壁挂等。

2.室内织物的选择与应用

（1）选择搭配的原则。

①选择布艺饰品主要是色彩、质地和图案的选择。进行色彩的选择时，要结合室内整体空间和家具的色彩确定一个主色调，使居室整体的色彩、美感协调一致（图3-24）。恰到好处的布艺装饰能为家居增色，胡乱堆砌则会适得其反。

图3-24　布艺色彩搭配（郭明月作品）

②在面料质地的选择上，也要与布艺饰品的功能相统一。比如，装饰客厅可以选择华丽优美的面料，装饰卧室就要选择流畅柔和的面料，装饰厨房可以选择结实易洗、耐脏的面料。

③对于像窗帘、帷幔、壁挂等悬挂的布艺饰品，其面积的大小、纵横尺寸、色彩、图案、款式等，要与居室的空间、立面尺度相匹配，在视觉上也要取得平衡。如较大的窗户，应以宽出窗周、长度接近地面或落地的窗帘来装饰；小空间内，要配以图案细小的布料，只有大空间才能选择大型图案的布饰，这样才不会有失平衡。

图3-25　布艺搭配的细节层次（郭明月作品）

④床上布艺一定要选择纯棉质地。纯棉吸汗且柔软，有利于汗腺"呼吸"和身体健康，而且触感柔软，十分容易营造出睡眠气氛。除了材质选取应特别讲究外，色调、花型的选择上也应下功夫（图3-25）。面积不大的卧室宜选用色调自然且极富想象力的条纹布作装饰，会起到延伸卧室空间的效果。浅色调的家具宜选用淡粉、粉绿等雅致的碎花布料；对于深色调的家具，墨绿、深蓝等色彩都是上乘之选。

⑤铺陈的布艺饰品如地毯、台布等，应与室内地面、家具的尺寸相协调，地毯多采用稍深的颜色有利于地面的稳定感，台布应反映出与地面的大小和色彩的对比，在对比中取得和谐。

⑥在居室的整体布置上，布艺饰品也要与其他装饰相呼应（图3-26）。它的色彩、款式、意蕴等表现形式要与室内装饰格调相统一。色彩浓重、花纹繁复的布饰表现力强，但较难配对，适合具有豪华风格的空间；浅色的、具有鲜明彩度或简洁图案的布饰，能衬托现代感强的空间。在具有中国古典风格的室内，最好用带有中国传统图案的织物来陪衬。

图3-26　布艺饰品与其他陈设相呼应（郭明月作品）

（2）布艺窗帘的选择。布艺窗帘是指用装饰布经设计缝纫而做成的窗帘，其作用主要有遮光、保温、装饰。窗帘有多种多样的形式，诸如平拉式、掀帘式、楣帘式、上下开启式等，平拉式平稳均匀，掀帘式柔和优美，楣帘式华贵脱俗。选用哪种形式，可根据窗户的特点和个人的爱好而定。布艺窗帘由窗布、帘头、窗轨三部分组成。

①窗布。布艺窗帘的面料质地有纯棉、麻、涤纶、真丝，也可由各种原料混织而成。棉质面料质地柔软、手感好；麻质面料垂感好，肌理感强；真丝面料高贵、华丽；涤纶面料挺括、色泽鲜明、不褪色、不缩水。人造纤维、合成纤维的窗帘，由于耐缩水、耐褪色、抗皱等方面优于棉麻织物，适于阳光日照较强的房间。不过，现在的许多织物都是把天然纤维与人造纤维或合成纤维进行混纺，因而兼具两者之长（图3-27）。

②帘头。各式帘头就仿佛窗帘的不同发型，它们的出现避免了平淡光秃的感觉，特别适合乡村、古典风格的居室。至于现代风格的居室，如果用户特别喜欢帘头的话，则可以选配平帘头。有帘头的窗帘一般不使用窗帘杆和窗帘盒，而是使用窗帘轨，在窗帘轨的上方再饰以横遮板，将帘头安装在遮板上即可。一般比较常见的是水波帘头，水波帘头加中旗、边旗的窗帘特别适合大厅等大空间使用，而一般的挂带帘头、平帘头、高脚杯帘则可以应用在多种窗帘上。

图 3-27　帘布陈设（郭明月作品）

③窗轨。窗轨的质量决定了窗帘的开合顺畅。窗轨根据其形态可分为直轨、弯曲轨、伸缩轨等，主要用于带窗帘箱的窗户。无窗帘箱的窗户根据其工艺可安装罗马杆、艺术杆等。

3.室内织物的设计与制作

布艺织物的手工操作并不复杂，工具、材料随处可见，能给制作者高度自由的创作空间。有时几块碎布经过别出心裁的裁剪缝制，就能激发层出不穷的创作灵感和意想不到的创作乐趣。

布艺制作需要准备剪刀、缝纫机、布、针、线、绳、熨斗等工具和材料，还需要一些珠、片、扣、链等辅助材料。近年来兴起的非织造布（俗称"不织布"）在手工布艺的制作中也比较流行。

一些传统的针法如平针、跳针、藏针、回针等和一些比较新潮的绣法如十字绣、锁链绣、飞行绣、锯齿绣、菊叶绣、缎纹绣等在布艺制作中都会用到，有时还会结合一些手工编结的方法使作品更具趣味。此外，纤维艺术也因其材料（天然动植物纤维或人工合成纤维）独特的亲和力，逐渐走进现代家庭居住陈设空间。

三、灯具

灯具既是照明工具，也是独具特色的陈设品。

1.灯具的种类

灯具按照在室内空间中所处界面的位置可分为顶面的吸顶灯、吊灯、射灯、筒灯，壁面的壁灯和地面的落地灯、桌面的台灯。灯具的材质非常广泛，到目前为止，各种能够在室内应用的建筑和装饰材料均可作为灯具的材料使用。

2.灯具的选择与应用

布置灯具首先要满足房间的照度要求。不同的灯具可产生各种不同的光照强度和光源颜色，光照的强弱应适合房间照明的需要，过强或过弱都会给视觉和心理带来不良影响。光色对环境气氛也有很大影响，例如白色光显得平和明朗，红色光显得兴奋热烈，黄色光显得温暖富丽，淡蓝色光显得清冷宁静等。灯光光源的颜色给人的冷暖感觉是不一样的，用色温来表示光源的冷暖。色温越高，光色越冷；色温越低，光色越暖。灯光呈现红、橙、黄色的低色温光源，能给人以热情兴奋的感觉，被称为暖色光。灯光呈现蓝、绿、紫色的高色温光源，给人的感觉是冷静清透，被称为冷色光。了解了光色的上述特性，可以根据室内的不同功能做相应的选择。在餐厅中可以布置橙色、黄色等暖色光，既使食物看起来新鲜诱人，又创造热情明亮的餐饮气氛。在卧室中可以布置淡黄色灯光，以营造安静温馨的休息氛围。

灯具在满足实用需求和最大限度地发挥光源功效的前提下，更注重灯具外观造型的装饰性及美学效果，多姿多彩的灯具美化丰富了人们的生活。灯具的选择与应用要注意以下三方面：

（1）灯具的风格。在选择灯具时一定要和整体装修风格统一，如中式风格、现代风格、怀旧风格、欧式风格、日式风格、地中海风格等。搭配得当，细节考究，使艺术情调充分地展现出来，会给居室增加无穷的魅力（图3-28）。

图3-28　艺术灯具陈设（葛桂方作品）

（2）灯具的布置。各种灯具的安装位置不同，在室内起到的作用也是不同的，光照分为直接照明及间接照明。在一个功能空间内，两种照明互补能更好地塑造光环境的层次。不应简单地只安装一盏明度很高的灯具，明暗对比过强会产生眩光，这是导致眼部疲劳的主要因素。

（3）灯光的照度。灯光的分布及安排是有一定规律的，最主要的是符合各个功能空间的照度要求，这里所说的照度就是光照射到物体表面的亮度。根据使用功能的不同，各个房间的照度要求也不同，表3-3中的数据可以作为参考。

表3-3　各类室内空间所需要照度参考值

空间	功能	照度（lx）
书房	看书、学习	750～1000
卧室	休息、睡眠	75～200
餐厅	就餐	200～500
卫生间	刮胡须、洗脸、化妆	200～500
门厅	穿衣、换鞋	200～500
大厅	会客、娱乐	150～300

四、花艺与绿植

自然元素是人居环境构成中最广泛、最丰富而又最为亲和的要素，不断生长的树木、花草是时间的见证，也是人们记忆的标志。绿化在一年四季中变化的形象，为环境赋予不同的形态和性格。树木、草坪、花卉和水景经过配置形成的综合形态，可以起到围合、划分、联结、导向等作用，比人工构筑物更富有人性意味。人们还不忘把花木绿化搬进家庭，营造绿意盎然、鸟语花香的生态环境，能够给人们以清新感，符合现代社会人们向往自然、亲近自然的愿望。所谓"室雅何须大，花香不在多"，适度、富有特色的花艺绿植，会调节情绪、陶冶情操，增进对生活的热爱。

1.花艺与绿植陈设的种类

较常见的室内花艺与绿植陈设主要包括插花艺术和盆栽植物，这两种形式通常是在花器中进行造型的，另外，花艺也可以不用容器，有更自由的创作形式和更多样的取材。

（1）插花艺术。插花就是狭义的花艺，是花艺的传统表现形式。插花艺术就是指以剪切下来的植物的枝、叶、花、果作为素材，经过一定的技术（修剪、整枝、弯曲等）和艺术（构思、造型、设色等）加工，重新配置成一件精致完美、富有诗情画意、能再现自然美和生活美的花卉艺术品（图3-29）。

图3-29　居室插花艺术（郭明月作品）

①插花的主要风格。根据艺术风格可大体分为东方式插花和西方式插花。

a.东方式插花的艺术特点。

（a）重视思想内涵的表达，体现"意在笔先，画尽意在"的构思特点，使得插花作品不仅具有装饰的效果，还能达到"形神兼备"的艺术境界。

（b）注重花材的人格化意义，赋予作品以深刻的思想内涵，用自然的材料来表达作者的精神境界，非常重视花的文化因素。

（c）在构图上崇尚自然，采用不对称式构图，讲究画意，布局上要求主次分明，虚实相生，俯仰相应，相互顾盼。

（d）以线条造型为主，追求线条美。充分利用植物材料的自然姿态，抒发情感，表达意境。

（e）色彩以清淡素雅、自然单纯为主，提倡轻描淡写。

（f）表现手法上多以三个主枝作为骨架，高、低、俯、仰构成各种形式，如直立、倾斜、下垂等。

b.西方式插花的艺术特点。

（a）插花作品讲究装饰效果以及插作过程的怡情悦性，不过分地讲究思想内涵。

（b）讲究几何图案造型，追求群体的表现力，与西式建筑艺术有相似之处。

（c）构图上多采用均衡、对称的手法，表达稳定、规整，体现力量的美，使花材表现出强烈的装饰效果。

（d）追求丰富艳丽的色彩，着意渲染浓郁的气氛。

（e）表现手法上注重花材和花器的协调，插花作品同环境场合的协调，常使用多种花材进行色块的组合。

②插花的主要花材。

a.鲜花。全部或主要用鲜花进行插制。它的主要特点是最具自然花材之美，色彩绚丽、花香四溢，饱含真实的生命力，有强烈的艺术魅力，应用范围广泛。其缺点是水养不持久，费用较高，不宜在暗光下摆放。

b.干花。全部或主要用自然的干花或经过加工处理的干燥植物材料进行插制。它既不失原有植物的自然形态美，又可随意染色、组合，插制后可长久摆放，方便管理，不受采光的限制，尤其适合暗光安放。在欧美一些国家和地区十分盛行干花作品。其缺点是怕强光长时间暴晒，也不耐潮湿的环境。

c.人造花。所用花材是人工仿制的各种植物材料，包括绢花、涤纶花等。有仿真性的，也有随意设计和着色的，种类繁多。人造花多色彩艳丽，变化丰富，易于造型，便于清洁，可较长时间摆放。

（2）盆栽植物。盆栽植物相对于插花的最大优势是生命期更长，由于盆栽植物都是植物带根栽植，不论是水培养还是土壤培养，都具有持久的观赏效果。

植物就其观赏特性可分为观叶植物、观花植物、观果植物，就其生长特性可分为耐旱植物、喜湿植物、喜强光植物、喜半阴植物、喜阴植物，可结合摆放空间的物理环境特点来选择。

2.室内绿化陈设的选择与应用

一定要根据绿化装饰的目的、室内空间的变化及周围人们的生活习惯确定所需的植物种类、大小、形状、色彩及四季变化的规律，与周围的环境摆设协调统一。

（1）观叶植物。观叶植物是以观赏植物的茎叶为主的植物类群，大多起源于热带和亚热带的森林，因此在20℃左右的室内光线正常的环境下它们大多能正常生长，保持叶色和吸引人的外观。也正因为这样，观叶植物就成为室内绿化的主导植物。选择时应注重外形要饱满，无黄叶、枯叶、残叶，叶上无病斑，生长良好的为佳。观叶植物的叶形多种多样，有线形、心形、多角形、椭圆形等；叶色有红色、绿色、黄色多种，还有许多花叶、金叶、洒金叶等；叶的质地有纸质、革质、肉质等。因此在选择其大小、形状、色彩、质地等时要根据环境的实际情况确定。观叶植物千变万化，但共同点是以观叶为主、花果次之（图3-30）。

图3-30 观叶植物陈设（潘轶作品）

（2）观花植物。与观叶植物相比，观花植物要求阳光比较充足，因此观花植物在室内要比观叶植物受更多的限制。选择时，第一应选择四季开花的植物，如扶桑等。第二要考虑花叶并茂的植物，这些植物虽一年中花期较短，但无花时，有较高观赏价值的叶给予补偿，如君子兰、鹤望兰等。第三是一年开花一至二次、多年生植物，无花时观赏价值低，如百合等。第四是一两年生的草花，开一次花，但花色艳丽极吸引人，如瓜叶菊等。除了这些外，还要注意外形上的整体美观（图3-31）。

图3-31　观花植物陈设（葛桂方作品）

（3）观果植物。观赏植物有果的必有花，但有花的不一定有果。许多观果植物的花虽貌不惊人，却是硕果累累。作为观赏的果，要求有美观的形状或鲜艳的色彩（图3-32）。常见的大型观果植物有金橘、石榴，小型观果植物有万年青、南天竹等。在色彩上大多数成熟以后都为红色、黄色。把观果植物置于适当的位置，能起到吸引视线的作用。选择时应首先考虑花果并茂的，如石榴；或果叶并茂的，如南天竹，然后考虑单观果的植物。

图3-32 观果植物陈设（葛桂方作品）

3. 花艺的设计与制作

（1）现代花艺的设计理念。

①现代花艺的设计原则之一，是用简洁的素材表现单纯的线条，使作品造型干净利落，让观赏者感受到线条的力度与美感，使花材的插作产生律动感。

②当设计技巧单纯且使用的花材数量偏少时，需要通过色彩、质感、形式等强烈对比来表现作品的设计感。

③突破传统花艺设计的比例、尺寸规矩，以夸张的手法及插作方式作为设计创新点。

（2）花艺的色彩组合。

①类似色。使用同色系的、深浅度不同的花材进行搭配。如白色、粉色与红色搭配，白色、奶黄色与橘红色搭配，白色、淡蓝色与紫色搭配，形成色彩层次，给人带来柔和丰富的印象。

②对比色（互补色）。如黄色和紫色对比、红色和绿色对比、橘黄和蓝色对比。黄绿色和红紫色的组合表现的是一种非常鲜艳的华丽印象，橘黄和蓝色的组合则体现出浪漫开放的气质。但是在使用花材时要注意其中的一种色彩要少一些，巧妙地保持两种色彩的平衡以达到一种立体感。

③原色。红色、黄色、蓝色三原色的组合，给人艳丽、华贵的印象。因为所有色彩都很强烈，但亮度最高的黄色要尽量控制。

（3）花艺基础。

①花艺基本造型。

a.对称式。要求花多、大小适中、形状整齐、结构紧凑、造型丰满。可插成各种几何图形，如球形、椭圆形、塔形、三角形。表现雍容华贵、端庄典雅的风格，具有热烈奔放和喜悦欢庆的气氛。

b.水平式。主要花枝在容器中，向两侧横向平伸或横向微倾，两侧花枝可等长对称，也可不等长对称。

c.下垂式。主要花枝向下悬垂插入容器中，犹如悬崖、峭壁或瀑布一泻千里之势，更具生机动态之美，也似轻纱飘柔、柳丝摇曳，具有俊俏、优雅之态。许多生有细柔枝条及蔓生、半蔓生植物都宜用这种形式，如柳条、连翘、迎春、绣线菊、常春藤等。

d.倾斜式。主要将花枝向外倾斜插入容器中，表现一种动态的美感，比较活泼生动。宜多选用线状花材并具自然弯曲或倾斜生长的枝条，杜鹃、山茶、梅花等许多木本花枝都适合插成此类型（图3-33）。

e.不对称式。该组合图形（如L形等）用花相对少些，选用花材面广。讲究疏密有致、主次

图3-33　倾斜式花艺造型（郭明月作品）

有序以表现植物自然生长的线条美、姿态美、颜色美，搭配艳丽别致、生动活泼。

f.垂直式。整体形态呈垂直向上的造型，给人以向上挺拔的感觉，适合陈设于高而窄的空间，或作为鲜明的空间中心。

②花艺制作中尺寸的确定。花材与花器的比例要协调。一般来说，插花的高度（即第一主枝高度）不要超过插花容器高度的1.5~2倍。容器高度的计算是瓶口直径加本身高度。在第一主枝高度确定后，第二主枝高度为第一主枝高度的2/3左右，第三主枝高度为第二主枝高度的1/2左右，在具体创作过程中可凭经验目测。第二、第三主枝起着构图上的均衡作用，数量不限定，但大小、比例要协调。自然式插花花材与花器之间的比例配合必须恰当，做到错落有致、疏密相间，避免露脚、缩头、蓬乱。规则式插花和抽象式插花最好按黄金分割比例处理，也就是说，瓶高为3，花材高为5，总高为8，比例大概3∶5∶8就可以了。

③花材选择。只要具备观赏价值，能水养持久或本身较干燥不需水养也能保持较长观赏时间的植物，都可以剪切下来用于插花。当然，插花的材料不只限于活的植物材料，有时某些枯枝及干的花序、果序等也具有美丽的形态和色泽，同样可以插花。现在的花卉市场上还有许多人工加工的干花，也是很好的插花材料，它们虽然没有鲜花那样水灵和富有生机，但具有独特的自然色泽。另外，还有各种质地的人造花，如绢花、塑料花、纸花、金属花等，用它们做成的插花作品摆放在居室，既起到花卉的装饰作用，又比较经济实惠，且易于管理。

花材的主要形态有以下几种。

a.线形花（又称线状花，line flower）。整个花材呈长条状或线状。利用直线形或曲线形等植物的自然形态构成造型的轮廓，也就是骨架。例如：金鱼草、蛇鞭菊、飞燕草、龙胆、银芽柳、连翘等。

b.定形花（又称形式花，form flower）。花朵较大，有其特有的形态，是看上去很有个性的花材。作为设计中最引人注目的花，经常被当作视觉焦点。本身形状上的特征使它的个性更加突出，使用时要注意发挥它的特性。例如百合花、红掌、天堂鸟、芍药等。

c.簇形花（又称块状花，mass flower）。花朵集中成较大的圆形或块状，一般用在线形花和定形花之间，是完成造型的重要花材。没有定形花的时候，也可用当中最美丽、盛开着的簇形花代替定形花，插在视觉焦点的位置。例如康乃馨、非洲菊、玫瑰、白头翁等。

d.填充花（又称散状花，filler flower）。分枝较多且花朵较为细小，一枝或一枝的茎上有许多小花，具有填补造型空间以及连接花与花的作用。例如小菊、小丁香、满天星、小苍兰、白孔雀等。

④花艺器皿与道具。

a.插花器皿。插花常用容器一般有花瓶和水盆两类。其中陶瓷和玻璃花瓶色彩素雅，样式新颖，长久盛水不易腐臭；塑料花瓶虽然质轻耐用，但毕竟缺少自然美，而且瓶水易腐。使用花瓶最好在瓶口设置井字架，以利于花枝的固定。矮小的花枝宜用水盆，并应准备插花座。至于碗、碟、瓶、罐等生活器具，若精心选配花枝、巧妙利用，也一样能平添情趣。此外，花瓶的颜色以雅淡为好，如果家里只有深色的花瓶，就要插浅色或是花朵细小的鲜花。

b.插花基本道具。花的造型艺术是离不开各种基本道具的。合理地选择和使用道具可以延长花期，同时也可反映出创作者的艺术修养和技术水平。最基本的插花道具有：

（a）黏性胶带。有纸和塑料材质的，一般用来包在铁丝的外面，特别是经过加工后的花材为了防止脱水而使用。颜色有许多，要根据花茎的颜色和设计的目的选用。

（b）铁丝（或铜丝）。固定或保持花枝的形态、人工弯曲加工时需要用到铁丝。铁丝的种类很多，而且有不同的型号，根据粗细常用18～30号。

（c）花剪、花刀。剪切花茎、枝条最主要的工具。根据修剪的花材不同，有选择地使用。一般而言，修剪一些韧性的枝条时用花剪，修剪鲜花时用花刀，因为花刀的切面较平缓，切口要求斜面易于保鲜。

（d）花泥。用来固定花材的、吸水性很强的化学制品。保水性好，使用方法简单。花泥分为干花泥和鲜花泥两种。干花泥一般是茶色的，而鲜花泥是绿色的。花泥有各式各样的形状，要根据花型选定。干花泥用于干花设计，不能吸入水分。鲜花泥需要充分吸收水分才能使用，浸水时尽量使花泥自然吸水，否则会造成外湿内干的状况，直接影响切花的花期。

⑤插花步骤。

a.修剪。首先要去掉花卉的残枝败叶，根据不同式样进行长短剪裁，根据构图的需要进行弯曲处理（为了延长水养时间，适合水中剪取）。

b.固定。为了让花卉姿态按照设想进行，一般在花器的瓶口处，按照瓶口直径长度，取两段较粗枝干，十字交叉于瓶口处进行固定。专业插花还要用花插、花泥、铁丝等材料进行固定。

c.插序。正确的插序应该是选材、选插衬景叶、插摆花。

⑥插花基本技巧。插花是一种艺术。明代的花艺专著《瓶史》里提道："插花不可太繁，亦不可太瘦，多不过两三种，高低疏密，如画苑布置方妙。"

a.主体插花。选一枝最壮最美丽的花枝作主枝，突出中心，两侧各插一枝不同花卉陪衬。要避免花枝排列整齐，主体花要突出，三枝不要交叉，更不能将所有花枝束缚在一起一次插入。如菊花配剑兰，会显得跌宕错落，疏密有致，颜色和谐，相得益彰。纵使同一种花，也最好同时兼有花蕾、半开、盛开的花朵，以表现花开放程度的变化。所以采购鲜花前，就应有所考虑，有目的地去选购。剪取花枝时要在枝上留有一部分叶片，并将叶面污物清理干净。枝条长短应根据花瓶高度而定，一般要遵循黄金分割的比例规律。

b.弧形插法。以三枝不同长短和不同方向的花枝为基础来插花。一般多用弧线凸形的插法，也有使弧线开成凹形的插法。

c.三角形插法。以主体花枝为中轴，左右对称、角度平衡，显得庄重整齐。这种插花富有礼节性。

d.盆景式插法。根据花枝、花朵、花色的变化，在构思画面的基础上加以安排。花枝不同也应"因材定型"，如单插梅花，花枝不要过多，枝条宜横斜交错，忌笔直，若配以松枝，红绿相间则更具情趣。无论哪一种插法，都要使插花作品达到和谐、平衡和富于韵律。

4.花艺绿植陈设宜忌

花香怡人之外，室内花木点缀更多的还是一些万年青、龟背竹、发财树、橡皮树等绿叶植物。因为花开有时，绿叶则一年四季与人常伴，那茂盛的自然生命力，象征着生气和活力。室内育有四季常青、充满生机的绿叶，不但可以美化居室，还可在一定程度上提升人的情绪，提高满意度和幸福感。选用植物有以下几点必须注意。

（1）最好是一年四季常青、叶片厚实宽大容易生长的植物，如橡皮树、发财树、万年青、黄金葛等。

（2）摆放的位置，最好选择步入客厅对角线的主视角上。

（3）还可布置一些山石、太湖石、灵璧石、原木等辅材，与家里的花木形成一种彼此掩映呼应的美韵。

然而，花木虽然能够美化居室，但是也并非安放什么花木都有良好的功效，比如：

（1）有些有微毒或者有轻微刺激性的花木，如百合花、郁金香等不宜多而宜少；再如毒性比较明显的夹竹桃等，就应该拒绝摆放到居室里。

（2）不宜摆放过多有刺的花木，譬如热带球形植物金虎含有太多的黄色尖刺，因此更适宜把它放在朝外的窗台上，而不要离人过近。

（3）花木美化居室以鲜活花叶为主，绢花、纸花、塑料花虽然也有美化作用，但缺乏生气。另外，屋里的花叶若发现花枝枯萎，应该及时剪除，不要让残枝枯叶留在盆里或瓶上。

（4）卧室以不摆放鲜花为主，即使轻微花香也会刺激兴奋神经，引起失眠。

（5）家有过敏体质如哮喘、过敏性鼻炎或者皮肤对于花粉过敏的人群，都不适宜插放鲜花。

五、室内饰品陈设

室内饰品也称为摆设品，主要作用是打破室内单调呆板的感觉，增添动感和节奏感，增强艺术的视觉效果。饰品之间的大小比例、高低疏密、色彩对比都会使居室的整体装饰产生节奏和韵律变化。在室内环境中，陈设饰品往往起着画龙点睛的重要作用，增进生活环境的性格品质和艺术品位，不仅具有观赏作用还可以陶冶情操。

1.室内饰品的种类

从饰品材料上看，自然材料的木制装饰品，质朴浑厚，心理上也有一种亲切感；绚丽华贵的玻璃品，有玻璃灯具、玻璃彩画、玻璃器皿等，能为室内空间增添一份独特的美感和艺术气息；陶瓷类饰品由于材质肌理光洁、造型别致，在室内空间是非常活泼的元素；金属饰品适应性强，既可仿古，也能表现当代高科技，可塑性极大。

2.室内饰品的选择与应用

目前饰品在室内空间中被广泛运用，"轻装修、重装饰"的理念已被大多数人所接受，室内风格不再是"一成不变"，适时地选择、变换一些饰品完全可以让室内空间有焕然一新的感觉。而饰品的选择，不但要掌握时间空间的特点，更要掌握饰品的流行趋势，才能让居室与时俱进。巧妙地选择与运用饰品就能轻松地改变空间的节奏韵律，领会饰品与日常生活之间的紧密关系，增添别样风格，可从以下几点入手：

（1）饰品与空间的整体风格协调。选择饰品前要确定风格与色调，什么样的风格配什么样的饰品，才能产生好的效果。依照统一风格色调来布置空间，就可避免出现"不搭调"的情况。例如，简约的设计搭配具有设计感的饰品就很适合整个空间的格调；如果是自然的乡村风格，就以自然风的饰品为主。其次是选择合适的饰品，家具、灯具、织物、器皿、纪念品、雕塑、字画等根据空间需要搭配运用。好的家居饰品的布置不仅能给我们带来感官上的愉悦，还能丰富空间情调，达到完善美化空间的效果（图3-34）。

图3-34　整体风格协调（郭明月作品）

（2）对称平衡合理摆放。要将某些饰品组合在一起，使它成为视觉焦点的一部分，对称平衡感很重要。旁边有大型家具时，排列的顺序应该由高到低，以避免视觉上出现不协调感。或是保持两个饰品的重心一致，例如将两个样式相同的灯具并列、两个色泽花样相似的抱枕并排，这样不但能制造和谐的韵律感，还能给人祥和温馨的感受。另外，摆放饰品时前小后大、层次分明能突出每个饰品的特色，让人在视觉上就会感觉很舒服。

（3）小处着手，培养经验。在布置饰品的时候，最初没有经验，往往照着家居杂志的样子摆设，而布置完以后却发现无法达到杂志上呈现的效果。其实这是因为布置饰品经验不足，照搬照抄而没有充分考虑自身具体情况。从小的家居饰品入手不仅简单方便，还会让初学者着实体验亲自打扮家居的成就感。摆饰、抱枕、桌巾、小挂饰等中小型饰品是最容易上手的布置单品，初入门者可以从这些先着手，再慢慢扩散到大型的家具陈设。小的家居饰品往往会成为视觉的焦点，更能体现主人的兴趣和爱好。

六、室内书画陈设

家有书画，生活情趣和气氛就大不一样。古人纵使身居陋室，然与书画相伴，想来主人一定是高古脱俗、让人肃然起敬的雅逸之士。

1.书画的种类

书画即书法和绘画。中国的书法是一种独特的艺术形式，往往与中国画搭配或融入画作之中。绘画则可分为中国画、西洋画两大类别。

（1）中国画。中国画简称国画，又称宣画，即用颜料在宣纸、绢上的绘画，是东方艺术的主要形式。汉族传统绘画形式是用毛笔蘸水、墨、彩作画于绢或纸上。工具和材料有毛笔、墨、国画颜料、宣纸、绢等，技法可分工笔和写意两种。工笔画用笔工整细致，敷色层层渲染，细节明彻入微，要用极细腻的笔触描绘物象。写意画用笔简练豪放，洒落的笔墨描绘物象的形神，抒发作者的感情。写意画在表现对象上运用概括夸张的手法、丰富的联想，有高度概括能力和以少胜多的含蓄意境。从唐代起就有这两种绘画风格。有的介于两者之间，兼工带写，如在一幅画中，松竹用写意手法，楼阁用工笔手法，两者结合起来发挥用笔、用墨、用色的技巧。

图3-36 画作调节空间色彩关系（郭明月作品）

重要，重要的是尽量和空间功能相吻合。比如客厅最好选择大气的画，图案最好是唯美的风景、静物和人物，抽象派的画作也不错。过于私人化和艺术化的作品并不适合，因为客厅是曝光率最高的场所，应适当保守一点。卧室等偏私密的空间可以随意发挥，但尽量不要选择风格太过强烈的画。

（3）尺寸大小定位。画的尺寸要根据房间特征和主体家具的大小来定。比如客厅净高2.8m，画的高度在60～80cm为宜；长度则要根据墙面或主体家具的长度而定，一般不宜小于主体家具的2/3，如沙发长2m，画整体长度应该在1.4m左右。比较小的厨房、卫生间等，可以选择高度30cm左右的小幅挂画。如果墙面空间足够，又想突出艺术效果，最好选择大画幅的画，这样效果会很突出。另外，画芯、卡纸、画框的选择和确定也是家居陈设艺术中非常重要的工作，需要大量的应用实践来提高画品的选配能力。

3.挂画宜忌

精美的书画可以美化居室，不过有些并不合适的画还是不挂为宜。家居中不适宜悬挂的画大致有几种，如抽象或恐怖的人物画，易扰乱人的情绪；颜色过于深暗和压抑的画，会在一定程度上影响到人的向上朝气；红色太过火爆的画，促使人的情绪长期处在亢奋状态，容易引起疲累感；太阳西沉等反映日落的画，易引起家中老人的惆怅。

　　"家居陈设艺术"是一门理论性与操作性都很强的课程，也是一门能很好地体现艺术与科学技术相结合的课程。在一些家居陈设艺术项目中，陈设品的采买已经不能满足使用者的整体要求，特定主题和风格的室内空间还需要对各种陈设品进行特别式样的设计和加工定制。有时对一些家具、布艺的局部材料、尺寸、造型、色彩及装饰图案等进行修改和变化，能更加符合空间的总体设计构思和使用者的个人要求，因此专业人士必须具备对家庭居住陈设品的设计定制能力。

第四节　家庭居住环境陈设的实践原则

　　选择什么种类的陈设品应先做资金预算。在投资大、档次高的居室空间中可多选择具有收藏意义的较为昂贵的陈设品，但应将最贵重的陈设品陈设在最重要或使用最频繁的空间中。如果资金有限，在不影响陈设品视觉效果的前提下，应尽量选择性价比高的陈设品以降低投资成本。当然，大自然的草木、石块等，按形式美法则经过设计、加工、制作，也可以成为特定空间中独特的陈设品。

　　选择什么风格的陈设品，应以室内原有设计风格为主要依据，要了解陈设品在空间中起什么作用，表达什么样的效果。在风格鲜明的居室环境中，应多布置一些与其风格相似的陈设品。有些风格明显的空间根据使用与其他功能的要求不可避免地要融入多种风格的陈设品，对于这种情况，必须注意不同风格陈设品的体量不宜过大，数量不宜过多，以免削弱原空间的设计风格。在风格不明显的居室环境中，陈设品风格的选择余地较大，甚至可以用陈设品的风格来确定室内空间的风格。不同风格的陈设品应该在造型、尺度、色彩、材质等因素上取得协调，以保证视觉整体印象的和谐；尽可能将不同风格的陈设品有序地组织起来，如将不同风格的小件配饰布置在博古架、展橱等大体量的规整的形体之中。

一、家居陈设品的选择原则

1.简约便利

　　应注意体现简洁，尽量做到没有多余的附加物，陈设的艺术品以少胜多，"少而精""少就是多，简洁就是丰富"。要强调便利性，即产品要容易移动、容易储纳、容易组合。

2.创新环保

突破一般规律，运用"高科技＋高情感"的手法增加空间环境的创新含量，从整体效果考虑，提倡个性，通过创新反映独特的时代风貌和艺术效果。还要关注环保性，注重对自然生态的维护和协调，尽可能多地利用自然元素和天然材质，创造自然、质朴的生活环境。

3.均衡对称

均衡指的是一种不对称的平衡状态，生活中节奏和力量的均衡给人以稳定的视觉和心理感受。在家居陈设选择中均衡是指在室内布局上，各种陈设的形、色、光、质保持平衡的量与状态，既保证整体稳定，也不缺少变化。

对称不同于均衡的是其产生了形式美，上下对称、左右对称，以及同形、同色、同质称为绝对对称，同形不同质、同质不同色等称为相对对称。在家居陈设选择中经常采用对称，如家具的排列、墙面艺术品的排列、灯饰的排列等常采用对称形式，使人们感受到有序、稳重、整齐、和谐之美（图3-37）。

图3-37 均衡对称的形式美（郭明月作品）

4. 对比呼应

两种不同形式的对照称为对比，经过选择使其既对立又协调、既矛盾又统一，在强烈的反差中获得鲜明的形象互补来丰富效果。对比有鲜明、活泼等特性，呼应能够形成空间线索和层次，在陈设选择中通过造型、材质、色彩的对比呼应突出陈设的个性，产生理想的艺术效果。

5. 节奏层次

要追求空间的层次感，可以运用如色彩从冷到暖，光线从暗到亮，造型从小到大、从方到圆、从高到低、从粗到细，质地从单一到多样、从虚到实等方法形成富有层次的变化，通过层次变化丰富陈设效果（图3-38）。

图3-38　陈设的层次变化（葛桂方作品）

二、家居陈设品的陈设原则

1. 满足人们的心理需求

家居陈设应考虑人的心理惯性，满足人们的心理需求。在日常生活中，人们对一些空间形式及内部装饰形成了约定俗成的惯性需求，这是长时间积累的、符合人们心理习惯的。如老人房的陈设大多色彩淡雅、质感细腻，符合老年人怡然自得的心理；儿童房的陈设大多丰富活泼，为孩子提供轻松有趣的环境。

2. 符合空间的色彩要求

在陈设设计和执行过程中，有一种较为简单的搭配原则，空间中的背景色、主题色和点缀色，大概分别对应7∶2∶1的比例。也就是约70%作为空间的背景色，主要体现在大面积的界面部分；20%作为空间的主题色，主要体现在界面局部、面积较大的家具、织物上；最后就是约10%作为空间的点缀色，主要体现在饰品上。其中20%的主题色，常采用邻近色对比、冷暖互调对比、肌理对比的手法。10%的点缀色，常采用对比色对比、高饱和度对比的手法（图3-39）。

图3-39　色彩搭配关系（赵越作品）

在定色调时还要考虑光源的影响，要考虑陈设物对光源吸收和反射后呈现出各种色彩的现象。沙发上的棉麻织物和边几上的玻璃花瓶是同样的紫色，在阳光照射下呈现的色彩效果又是截然不同的。对于陈设品的色彩，还应考虑使用者的要求。人对色彩的喜好是复杂的，对色彩的感情联想因人而异，年龄、性别、文化修养、信仰、社会意识及所处地理环境的差异，都会导致不同的色彩审美观。如性格活泼的人选择鲜艳的色彩，性格沉静的人选择淡雅的色彩，年轻人喜欢对比色，中老年人钟爱调和色等。

3.符合陈设品的肌理要求

肌理的选择搭配是细节处理，是空间的内在品质的外在体现。肌理因素主要由纹理、形状、色彩构成，肌理能带给人丰富的视觉和触觉感受，如柔软坚硬、粗糙细腻、有规律无规律、哑光高光、疏松紧密等。陈设品的肌理效果一般都适合在近距离和静态中观赏，如要保证远距离的观赏效果，则应选择大纹理、色彩对比较强的肌理。缺少肌理感或是肌理对比过于强烈都会拉低空间品质，显得杂乱低端。在选择与身体有密切接触的各种家具、纺织品、家用电器时，应避免生硬、冰冷、尖锐及过分光滑或过分粗糙的触觉（图3-40）。

图3-40 陈设肌理（郭明月作品）

4.满足对光影的要求

布置灯具首先要满足房间的照明要求，不同的灯具可产生各种不同的光照强度和光源颜色。光照的强弱应适合房间照度的需要，过强或过弱都会给视觉和心理带来不良影响。光影也并非统一不变，营造基础照明—重点照明—装饰照明的变化层次，并利用灯具产生线面结合的光影效果都可以赋予夜晚的居室与白天截然不同的独特气质。

第四章

中式艺术风格

家庭居住环境陈设的

中国的家庭居住环境陈设艺术渗透着历史学、社会学和人类学等多层面的信息，伴随历史的变迁，展现着不同朝代集科学技术、人文历史及审美情怀于一体的文化符号，传递着中华民族向往美好宜居生活的精神追求，是传承优秀文化、增强文化自信的最好的教材和载体。

第一节　中国传统家庭居住环境陈设艺术

中国有五千年的文明史，文化博大精深，中国的住宅包含着丰富的经验因素和人为因素，例如建筑材料、建筑结构、空间布局、定向和选址、家具和室内陈设、装饰、历法仪式、象征主义、两性关系、经济地位、年龄顺序、生命周期中的事件、日常活动和季节性活动、不断变化的使用模式等。我们从整个历史进程中看待这些因素时，就会认识到，确实有一种"中国模式"通过家、家居和家庭之间的各种微妙关系体现出来。通过这些因素相关的有意识和无意识的选择，人们确立了居住模式和生活模式，这些生机勃勃、充满活力的模式代代相传，从而形成了一种与诸多领域相联系的"中国式家居"。中国传统家居陈设艺术是中华民族文化遗产的重要组成部分，生动形象地记录了中国人几千年来的生活状况、居住理念以及人文特征的发展变化，是经过历史的演绎和发展而不断丰富完善的。

在中国传统建筑样式中，室内多为对称的空间形式。室内的天花与藻井、装修、家具、字画、陈设艺术等均作为一个整体来处理。室内除固定的隔断和隔扇外，还使用可移动的屏风、半开敞的罩、博古架等与家具相结合，对组织空间起到增加层次和深度的作用（图4-1）。在室内色彩方面，室内的梁、柱常用经典的中国红色，天花藻井绘有各种彩画，用强烈鲜明的色彩取得对比调和的效果；南方则常用栗色、暗墨绿色等，与白墙黛瓦形成秀丽淡雅的格调（图4-2）。

中国传统家居陈设艺术特别强调陈设文化的象征意味和伦理价值，同时也强调实用与审美的统一。《礼记》载："天子之堂九尺，诸侯七尺，大夫五尺，士三尺。"清初李渔在《闲情偶寄》中说："凡人制物，务使人人可备，家家可用。""窗棂以明透为先，栏杆以玲珑为主，然此皆属第二义。"《考工记》也有"天有时，地有气，材有美，工有巧，合此四者，然后可以为良"的造物原则。

一、中国传统家居陈设艺术的发展历程

1.远古时期

远古时期处于原始社会阶段，生产力水平极低，文化艺术属于萌芽状态的自然型，是各种朴素的简单的艺术元素的自然结合。

当时的家居陈设尚未形成一定的风格，但人们已开始有了初步的审美意识。原始社会男性从事狩猎、女性从事采集以提供果腹的食物。为方便携带、搬运，女性用藤条、草叶编织篮筐。为使篮筐更加耐用，再抹上泥土烧制成最早的陶器。当时制造的陶器，造型质朴，器型多样。此前人们已掌握了编织技术，在制陶过程中，为防止坯胎沾上泥土杂物，需把编织物垫在下面，于是在制成的陶器上留下了编织纹。受此启发，人们开始在陶器上人为地加上线纹、绳纹等，并进一步加上彩绘纹饰或某种图腾符号。陶器的形态对以后的青铜器、

图4-1　中式陈设的空间层次（葛桂方作品）

图4-2　中式风格用重色形成明暗对比（郭明月作品）

漆器乃至瓷器都有直接或间接的影响。

新石器时期陶器分彩陶与彩绘陶。彩陶和彩绘陶既是新石器时期社会生产水平的反映，又是当时人们的审美意识和艺术特点的表现。历尽岁月沧桑，彩陶、彩绘陶虽已失去了功能价值，但是它的文化和审美的价值却大幅上升。作为家居陈设，会给室内空间带来民族的、古朴的文化气息。

2.夏、商、西周和春秋战国时期

早在新石器时期，黄河流域就出现了用红铜和黄铜锻造的生产工具和生活用品。到了夏代，青铜器的生产已颇具规模，但种类不多，器型较小，纹饰尚不丰富。商代是中国历史上青铜器高度发达的时期，青铜器取代了陶器并成为家居陈设的主要物品。商代青铜器的主要特征是器物厚重，如商代晚期有很多大型的青铜器，其外形硕大厚重、端庄伟岸，极富力度感。

西周青铜器风格典雅，其器物不如商代晚期厚重，大型器物很少，器壁也不如商代晚期厚实，给人以轻灵感。纹饰以简洁为风尚。

春秋时期青铜器仍然很兴盛，但与商代相比，春秋时期奴隶制开始分崩瓦解，与之相关的礼器也开始减少而实用器增多。同时因各诸侯国的铸造增多而产生不同的地区风格。春秋中期的纹饰向繁密演进，出现了模印法与失蜡铸造法等新工艺。春秋中晚期不但有很多纹饰精致细密的青铜器，还有很多构思新奇、纹饰剔透、制作精巧的青铜器。

战国时期的青铜冶铸以制作精致的日用品为主，于器身之上镶嵌红铜、错金银、贴金的工艺在当时得到长足的发展，成为器物表面装饰的主要手法。当时还出现了包银、镀锡、鎏金、镂刻等工艺，将青铜器装饰得异常精美。当时青铜器纹饰的形状变化丰富，构图生动并富有生活气息，体现了自由奔放的新思潮。

同样逐渐由礼器向生活用品转变的还有漆器。商代出现了薄板胎漆器，且制造工艺达到了相当高的水平。其纹饰图案比例匀称，花纹清晰，并开始在漆器上使用动物骨或蝉壳镶嵌。

在周代，髹漆工艺得到较大的发展，到了春秋战国时期出现了质朴的髹漆家具，如床、几、案、屏风等，并成为家居陈设的重要物品。在春秋时期供依靠或搭手的凭倚之具，到了战国时期发展为能放置物品的多功能桌案；屏风的最初形式是扆，到了战国时期漆座屏的工艺已十分高超，其雕刻和色彩都很精美。由于当时人们都是在室内跪坐，所以各类家具都很低矮，属于造型端庄、色彩沉着典雅、图案简朴流畅的漆器。

夏、商、周和春秋战国时期都出现过陶塑。夏代以捏塑加锥划的方法制作成的动物陶塑，形象生动拙朴。商代有动物和人物陶塑，其中人物陶塑注重精神气概的刻画，很有艺术价值。周代的陶塑虽然罕见，但捏塑的动物陶塑神韵生动，为后人称颂。战国时期的陶塑作品不多且制作较为粗糙。

商代、周代和战国时期的玉石雕刻都很有成就。商代的人物、动物玉石雕刻有圆雕和浮雕两种类型，其造型简练、结构严密、体积感强，作品的气势威严，富有力度感。周代的玉石雕刻大多为平面状的作品。战国时期的玉石雕刻则具有精细的特点。

春秋战国时期还出现了以人物、动物为主题的帛画，用线流畅且挺拔，设色沉着而富丽，其风格典雅端庄。春秋时期已掌握了复杂的提花技术，锦绣的图案主要有蟠龙、凤鸟、神兽、舞女等。

3.秦汉时期

秦灭六国建立了中国历史上第一个统一的封建帝国。汉朝是中国封建社会发展的第一个高峰期，这个时期的社会经济得到了空前的发展，家居陈设的内容也随之日益丰富。

秦汉时期人们仍然是席地而坐，床和榻是主要的家具。床和榻外形相似，汉代时以八尺以上为床，八尺以下为榻。贵族家庭所用的床十分讲究，上设屏风或幔帐，有的甚至还饰以珠宝等。日常生活，如读书、会客、宴饮、休息等，多是在榻上进行。有的榻比较大，兼有卧具和坐具的功能。有的榻则较小，仅供一人或两人坐，其主要用途是接待客人。在汉代还出现了屏与榻相结合的屏风榻，其装饰富丽而典雅。

东汉时期可折叠的胡床传入中原，是当时唯一的高足坐具，但流行不广。

除床、榻之外，还有案、几、屏风、衣架、柜等家具。汉代案的种类和式样很多，有饮食用的食案，有读写用的书案以及摆放用品的案。在汉代，屏风大多作为装饰华丽的陈设品，如彩绘漆屏风、玉制座屏等。汉代的柜为陶制加釉的家具，形状类似现代的箱子，这种造型在后世被长期沿用。

秦汉时期的家居陈设用品及艺术品有青铜器、漆器、陶瓷器、玉雕帛画、纺织品等。

青铜器在秦汉时期占有重要地位。汉代的青铜器向生活用具方面发展，产生了很多品种，如铜灯（如盘灯、筒灯、虹管灯、行灯、吊灯、朱雀灯等）、铜炉（如熏炉、手炉、温酒炉等）、铜镜（如螭形镜、草叶镜、星云镜、日光镜、照明镜、云雷纹镜、蝙蝠纹镜、画像镜、方铭镜、阶段式镜等）、铜壶、铜尊、铜洗、铜鼓等。

秦汉时期是漆器制造的第一个鼎盛期，其造型和装饰技艺迅速提高，品种数量大为增加。汉代的漆器得到长足的发展，其做工精细、色彩艳丽、漆度光亮，具有大国的气度。作为生活用品的漆器有漆盘、漆盒、漆杯、漆盆、漆奁、漆匜、漆几、漆壶等。另外，还有一些仿青铜器的礼器，其中一部分作实用器具，另一部分作陪葬之用。秦汉时期器具类的漆器加工工艺较复杂，漆艺的特质和品位较强，形美、质轻、耐用，在秦汉几百年间一直作为高档生活用品，深受人们的珍爱。

在陶瓷器制作上，秦代仍沿袭战国时期的传统，到了汉代陶瓷工艺已有所改进，直至东汉时期原始瓷器发展为真正的瓷器，开始进入成熟阶段。当时生产的青瓷，无论是胎质的细密程度，还是釉色的莹润程度及胎釉的结合上，都较原始青瓷有了很大的进步。

玉雕在汉代工艺品中占据重要地位。汉代的玉雕表现内容丰富、形式多样、工艺精湛、装饰感极强。

汉代帛画开始盛行，但当时大多作为帝王及贵族常用的装饰品。汉代帛画的内容多描绘祭神、迎宾、健身及神话故事等。其造型生动细微，用线刚劲流畅，设色庄重雅致，构图精妙而富有想象力，且具有散点透视的特征。

秦汉时期家居陈设的纺织品十分丰富，品种有绢、绫、锦、纱、缟、绮、缣、纨、罗等，主要装饰花型有云气纹、流云纹、动物纹、几何纹、吉祥文字等。这些织物主要用作帷帐或墙面装饰。据说秦始皇修建的阿房宫为"木衣绨绣"，即将室内木制墙面全部用丝绸、彩缎加以覆盖，这就是一个最突出的例子。

值得一提的是汉代的石刻艺术。汉代石刻虽然大多不作为家居陈设品，但其雄健、浑厚、充满力度的艺术风格，既是汉代艺术的重要特征，也是中华民族艺术中非常精华、非常弘扬的艺术风格。

总的来说秦汉时期的家庭居住陈设，已达到相对繁盛的状态，其风格可概括为"拙、力、精、雄、趣"五个字，"拙"是指有质朴古拙之貌，"力"是指富有动感的活力，"精"是指工艺的精妙，"雄"是指雄健的阳刚之气，"趣"是指具有强烈的装饰趣味，其中"力"和"雄"则是秦汉艺术风格之精髓。

4.魏晋南北朝时期

魏晋时期是在秦汉的统一局面之后出现的一个分裂时期。此时瓷器的发展渐有取代陶器之势。瓷器造型趋向高瘦，装饰风格注重简朴大方，纹饰以弦纹为主体，同时压印网格纹。瓷器追求以釉色取胜的效果，即用含铁量很高的釉施于釉中或釉下，并注重釉色的流淌、变化，烧成后呈现美观的褐色花纹。当时的瓷器讲究器形优美、造型别致。装饰上受佛教艺术的影响，莲瓣纹和贴花佛像十分流行。这一时期瓷器的制造技术有了很大提高，器型除一般造型外，鸡首壶、莲花尊、谷仓罐等都具有新颖的设计，此外坐佛像的造型也具有时代特征。

魏晋时期，高坐型家具的大量传入冲击了席地而坐的习惯。传统的床加大加高，上部设顶帐抑尘，四周有矮屏，下部饰壶门，床上除有倚靠用的凭几外，还出现了供倚躺垫腰用的隐囊及圈形曲几。人们既可坐于床上，也可垂足坐于床沿。同时也出现了多种形式的高坐家具，如扶手椅、方凳、圆凳等。家具的装饰，一改以前的孝子、祥瑞图案等纹样，代之以与佛教有关的莲花、飞天、缠枝花等装饰纹样，呈现出一代新风。

这一时期从中亚地区传入的金银器是带有北方游牧民族风格的装饰品，如镂空金丝带、高足鎏金杯、鎏金银壶等，它是东西方、南北方文化交流的结果。

魏晋时期的绘画艺术无论是理论探讨还是创作实践都有了长足的发展，它在中国美术史中占有极其重要的地位。魏晋时期的绘画在继承发扬汉代风格的基础上呈现出新的面貌。值得强调的是，当时的绘画已摆脱了附着于建筑的状况而成为独立的艺术形式，山水画已具有独立画种的雏形，绘画的品种开始丰富。

5.隋唐五代时期

隋唐尤其是初唐和盛唐时期，发达繁荣的社会经济、开明清新的社会风气及兼容并蓄的人文胸怀，使各种工艺品呈现出兴旺的局面，反映在家居陈设方面，形成了熔铸南北、糅合中外、华丽丰满、博大清新的艺术风格。

隋唐五代时期，垂足而坐的生活方式与席地而坐的习惯并存，出现了高低型家具并用的局面。家具的形制和种类都有进一步的发展，家具的造型趋于合理实用，尺度与人体比例也较协调。唐代的家具造型宽大厚重、圆浑丰满，具有博大宏伟的气势和富丽堂皇的风格。唐代家具在装饰上崇尚华贵富丽，如月牙凳和腰鼓形墩的装饰弧线及花纹与唐代贵族妇女的丰满体态融为一体，表现出唐代富强的国势和奢华的世风。到了五代时期家具逐渐向轻便、简秀方向转变。

唐代的家居陈设品还有漆器、瓷器、铜器、金银器、纺织品、绘画等。

唐代的漆器，其实用功能开始退化，而欣赏性得到长足的发展，器皿类漆器减少而装饰类漆器增多，并开始流行以雕漆为主的新工艺。

在唐代出现了成熟的青瓷和白瓷并逐渐流行。以南方越窑的青瓷和北方邢窑的白瓷为代表，形成了"南青北白"的主流局面。同时除主流瓷种外，还有黑瓷、黄瓷、花瓷等品种。

唐代的铜镜造型多样、纹饰丰富、制作精美。纹饰的内容主要是神话、瑞兽、花卉等，其构图繁密而丰满。

唐代的织锦非常著名，一般称其为"唐锦"，它在"汉锦"花饰的基础上，广泛吸收了外来的装饰纹样，主要有联珠纹、团窠纹、对称纹、散花纹等。

唐代的金银器种类也很繁多，主要器型有壶、碗、盘、杯、盒等，主要用于宫廷和权贵的家庭居住陈设。它们有的是银器，有的是鎏金银器，花纹造型有翼兽、宝相花、羽鸟及折枝花卉等，其工艺是镀金、浇铸、焊接、刻画及锤揲等。造型艺术和工艺技术的完美结合，使金银器具有极高的艺术价值，主要用于宫廷和权贵的家庭居住陈设（图4-3）。

唐代的绘画标志着中国绘画已经成熟。在唐代，绘画的分科已明确，人物画从山水画中独立出来，有工笔和写意之分。同时山水画、花鸟画、鞍马画也都成为独立的画种，并有专擅画家。至于表现题材，更是丰富多彩、琳琅满目。

图4-3　唐风银器陈设（郭明月作品）

6.宋元时期

这一时期社会经济复苏，商品交换活跃，手工业进一步发展，同时人们的生活方式也发生了很大变化。宋时垂足而坐的方式已完全取代了席地而坐的方式，室内布置的高型家具完全普及且品种十分丰富。

宋代家具的布置开始有了新的格局，大体上有对称式和不对称式两种。厅堂作为住宅的重点，一般采用对称方式排列家具和其他陈设，当时的家具品种有桌、椅、案、几、床、榻、柜、箱、橱、凳、墩以及架台屏风等。在屏风前的正中设置主人的座椅，两侧分别设两个墩，供主客对坐；书房和卧室一般采取不对称方式布置，无固定的格局。

由于宋代饮茶之风盛行，导致与饮茶有关的器具品种丰富且装饰感强，所以瓷器器具成为当时极为普及的生活用品和家庭居住陈设品。

宋代家庭居住陈设还有漆器、玉器、织物、绘画等。

宋代的漆器品种和工艺都很丰富，有用稠漆在瓷胎上涂成凹凸不平的漆层，再填涂其他漆色并做磨光处理的犀皮漆层；有在器胎上涂多层漆后，雕刻图案再施以漆色的漆雕；有在漆画上描金或戗金的金漆画；有在漆面中镶嵌螺钿和金银等金属的漆器等。其在当时主要有两方面应用，一部分是具有装饰感的生活用品，另一部分是纯观赏性的家庭居住陈设品。

宋代的玉器有纯观赏的人物、花鸟作品，还有文具、乐器、配饰及小件的用品等。这些玉器造型优美、工艺精湛，它们大多作为贵族、富豪家庭中家庭居住陈设品。

宋代的织物有锦、绮、纱、罗、绉、绸、绢、绫等种类。其中装饰感最强的是织锦，其图案生动而典雅，色彩绚丽而丰富。另外，宋代的绢用于书画，绫用于书画作品的装裱。宋代的刺绣和缂丝中有仿制书画的作品，成为当时宫廷和民间共同青睐的家庭居住陈设品。

宋代的绘画相当繁荣，城市的发展和社会各阶层对绘画的爱好加快了职业画家队伍的建立。统治者对绘画的偏爱和高度重视迅速且大幅度地提高了宋代宫廷绘画的水平；士大夫的生活环境、人生观、艺术观及绘画实践导致了文人画的形成；城市经济的发展促使风俗画的出现。宋画无论是宫廷绘画，还是文人绘画，或者是风俗绘画，在构思立意和技法表现上都达到了尽善尽美的程度。绘画的兴盛不仅满足了宫廷和贵族家庭的装饰要求，而且也解决了城市商业场所中对绘画作品的需求。

元代的家具基本上沿袭了宋代传统，但也有新的发展，出现了一些新的做法，使家具结构更趋合理。有的方面增添了游牧民族雄健粗放的特点，例如室内悬挂帷幕，墙上装饰挂毯、毛皮等，但并未形成主流。

元代家具的成就为明代家具的大发展奠定了基础。

值得指出的是，元代在瓷器、漆器工艺上取得了某些突出成就。在元代，漆器的漆雕比较盛行，出现许多剔红、剔彩的漆雕珍品，并成为高档的家居陈设品。

7.明清时期

由于明清时期社会生产力进一步发展，物质条件更加优越，明清时期家居陈设艺术经过长期的历史积累，已逐步成熟和完善，并对后世的家居陈设艺术产生极大影响。所谓的中国传统风格，主要就是指明清风格（图4-4）。

图4-4　传统中式客厅（葛桂方作品）

明代的家居陈设风格可概括为庄重、典雅、精巧、简练。清代家居陈设风格是对明代的继承，但受清代贵族统治阶级审美观的影响，出现了繁缛、呆滞的现象。

在家具方面，明代是我国家具发展的顶峰时期。明代家具是我国古代家具的耀眼明珠，以其端庄的造型、合理的结构、优良的材质和简洁的装饰著称于世。在用材方面，有硬木和柴木两种，硬木包括紫檀、黄花梨、鸡翅木、乌木、铁力木等；柴木包括榆木、榉木、樱桃木等。保存至今的家具皆为硬木家具，其材质坚密，纹理清丽，经过精心选料和大漆涂饰，做出的家具更显得质朴自然、通体生辉。在造型方面，形体简洁明快、挺拔秀丽、刚柔相济、方正端庄、方中带圆、收分有致、比例匀称，家具的曲线流畅且符合人体工学原理。在结构方面，接合部全用榫卯连接，不用一根铁钉，在大跨度结构之间，使用牙板、牙条、券口、霸王枨、罗锅枨等，起到加强连接和装饰的双重作用，整个家具纹隙密缝，稳定牢固。在装饰方面，适度得体，恰到好处，雕刻装饰仅限于适当部位的点睛之笔，毫无堆砌烦琐之意，有的虽加有玉石、大理石、螺钿、珐琅等雕刻镶嵌，但使用上十分精练，不失清纯。

明末清初家具生产空前繁盛，品种十分完善，大致有五大类。一是坐具，有椅子、长凳、机凳、坐墩、高机等；二是承具，有方桌、长方桌、炕桌、条案、香几等；三是卧具，有榻、罗汉床、架子床等；四是庋具，有箱、架格、框格、立柜、闷户柜等；五是其他，有屏风、盆景、钟台、灯台等。其中坐具类家具的成就最为辉煌，各式座椅不少成为传统的经典之作。

清代继承了明代家具的传统，在制作工艺上有了丰富和发展。清代家具的装饰手法丰富多彩，是史无前例的。材料有骨、木、竹、玉、瓷、珐琅、螺钿……技术有雕、嵌、漆、绘……工艺采取多种形式结合，如浮雕与透雕、雕塑与镶嵌、雕嵌与描金、雕嵌与点翠……清代家具的风格，突出表现一个"满"字，千方百计造成一种大富大贵的效果。清代家具尤其是晚期的家具，装饰过度，有奢华和媚俗之气。

家具在室内的布置方法，较多采用对称布局，一般厅堂在明间置长几或大条案，两旁对称摆放椅子和茶几，如果是二间敞厅则在次间放方桌、靠椅，也是对称摆放。成套家具以一几两椅为一组单元，如果增加至两几四凳称为半堂，四几八凳则称为整堂。

明清时期重视墙上的陈设，一般用书画和挂屏，书画和挂屏的布置要根据厅堂的尺度。

明清时期的书画，无论是书画的品种、风格还是书画家的数量都超过了宋元时期，书画的发展适应了家居陈设的需要。普通厅堂往往在中间悬挂堂幅书画，左右配以对联，两旁还可贴屏条，柱子上挂木制的板对。在花厅或书房，书画有不对称的布置方法，有用来挂屏的，有将书画裱在隔扇上的。至于敞厅和园林中的亭阁，因风雨容易侵入，故不挂画轴，而多用木制的板对、板联。匾额通常用于宫廷、官府或园林中，有些富贵家庭的厅堂、书房等处有时也布置匾额。

与过去相比，明清时期的室内空间较大，故往往使用各种形式的罩、屏风、博古架、隔扇等来划分空间。罩的种类很多，主要有几腿罩、落地罩、栏杆罩、花罩、圆光罩等，罩上还设有帷幔来装点空间。屏风是介于隔断和家具之间的可动的壁障，装饰性很强，设置位置根据情况可放在厅堂入口或家具的背后。

明清的金属工艺品中最具盛名的是景泰蓝和宣德炉。景泰蓝即铜胎掐丝珐琅。景泰蓝的底色大多为蓝釉，纹饰为红、绿、黄、白各色釉，其外观华贵富丽、晶莹夺目。宣德炉盛行于明代宣德年间，炉的造型新颖、纹饰精美。炉身色彩有仿古铜青绿色、栗壳色、仙桃色、秋葵色等。宣德炉作为明代工艺的精品一直被后人喜爱和收藏。

清代后期由于西方工艺品，如钟表、玻璃制品等的引入，使家居陈设品的内容更加丰富。

二、中国传统家居陈设艺术中的民族特色

中国是一个多民族的国家，由于历史、地域、宗教、文化、经济、习俗、环境等因素的差异而形成各民族在建筑形态、室内装饰风格和陈设布置上的千姿百态。这是我国建筑设计、室内设计取之不尽、用之不竭的宝贵财富。

1.藏族的家居陈设

藏族代表性的传统民居主要是碉房。碉房一般分为上下两层，底层为牲畜圈或贮藏室，上层供人居住。上层大间作堂屋、卧室和厨房，小间为贮藏室或楼梯间。若是三层房屋，上层多作经堂和晒台之用。藏族信奉佛教，在堂屋的一部分必设供佛设施，有佛龛、佛像、供案。藏族民居室内常设有坐垫、靠垫、拜垫、马鞍垫等，皆为羊毛织物，其色彩鲜艳，花卉图案繁多。

藏族也有传统帐房民居，是适应流动性生活方式的一种特殊建筑。帐房的内部陈设十分简单，正中稍外设立火灶，灶后供佛，地面和四周壁上多铺羊皮供坐卧休息之用，同时也作为一种装饰陈设。

2.蒙古族的家居陈设

蒙古族是一个游牧民族，逐水草而居，所以产生了便于拆装折叠的蒙古包。蒙古包是蒙古族典型的传统建筑形式，生活在蒙古包的牧民习惯于将内部平面划分为许多功能不同的区域。蒙古包的中央设炊饮和取暖用的炉灶，烟筒从天窗伸出。炉灶的周围铺牛皮、毡或毯。室内正面和两侧是起居处。室内周围摆设家具，主要有木柜、木箱、饭桌等，家具的形体较小，易于搬运。

家居陈设布置严格按规定进行。正对顶圈的中位是火位，置有炉灶，它是家庭生活的中心；火位的正前方为包门，包门左侧是放置马鞍、奶桶的地方，右侧放置桌案、碗柜等家具；其余方向沿木栅排列绘有民族特色花纹的木箱、木柜。蒙古包的内部地面铺有厚厚的地毯，周围壁面挂有镜框和招贴画。

3.回族的家居陈设

回族传统建筑大体上表现了"以伊斯兰文化为主体，以汉族文化为用"的特

点。民居内部装饰多为阿拉伯式的，家庭居住陈设有浓厚的伊斯兰宗教色彩。回族信奉的伊斯兰教有严格的教义，导致回族的风俗习惯大多与宗教有关。由于伊斯兰教反对偶像崇拜，因而室内特别是老年人的室内，不挂人物像和动物图片，凡有眼睛的图画都不能张贴，只是悬挂山水画、花卉画，信仰宗教的人家大多悬挂阿拉伯文字或古兰经书法条幅及彩绘挂毯。

装饰图案一般为程式化的几何图案或花草纹样式艺术文字。回族人民注重清洁，尤其重视室内空气和水的洁净。因此，回族的室内色彩大多选用白色和淡绿色等组成清净的冷色调。此外，家庭均备有汤瓶、吊罐等洗浴设备，这已成为一种必备的家居陈设。

4. 朝鲜族的家居陈设

朝鲜族受汉文化的影响较深，房屋建筑与汉族有较多相似之处，但仍有自身的特点。

朝鲜族至今仍习惯席地而坐，入室要脱鞋，室内不设床，晚上在地面铺被褥就寝的传统生活方式。家居陈设简洁整齐，通常设有带推拉门的壁橱，用以存放衣被，使室内空间显得宽敞。另外，还有高大厚实的木柜、木箱沿墙排布，提供了充足的收纳空间。这些家具多采取简洁朴素的装饰风格，再配以白铜附件，形成了鲜明的民族特色。

朝鲜族能歌善舞，乐器是他们的生活必需品，同时也是室内环境的陈设品。另外，朝鲜族常将一些生活用品、生产工具挂在墙上，除具有放置方便的实用意义外，这些精美的物品也具有家居陈设装饰的美学意义。

5. 维吾尔族的家居陈设

维吾尔族的传统住宅中广泛应用石膏花饰、木雕和砖饰等陈设。维吾尔族的石膏雕花大多为浅浮雕，在边框上有时采用深刻装饰。

维吾尔族陈设品的装饰图案有几何图形，如方形、菱形、三角形、多边形等由线条组合而成的图案。有花卉纹样、卷草纹样、果形纹样、枝蔓纹样以及山水、文字、建筑等图案，它们通过二方连续法进行重复、对称、异向、交错等形式进行组合。

维吾尔族住宅的居室中常设有壁龛。壁龛的形式有两种：一种是拱形的单体壁龛；另一种是以几个小龛组合成的一个大龛群。壁龛的装饰主要是石膏花饰。

通常维吾尔族住宅的厅室装饰考究，墙上挂有精美的壁毯，地面多装饰具有民族风格的图案。另外，大多数房屋中间放一张长桌或圆桌。家具及陈设品多用带钩花图案的装饰巾覆盖。门窗多挂置丝绒或绸类的落地式垂帘，并衬以网眼针织品。

6.傣族的家居陈设

傣族的传统民居多是绿树掩映下的竹楼，楼下四周无遮拦，人们居住在楼上，竹楼以竹篾为墙，有的开有小窗。

傣族习惯保持室内地面清洁，一般脱鞋入室。堂屋中铺以大块竹席，日常起居饮食均在席上进行。屋中有一火塘常年燃烧不熄，人们常围塘活动。

傣族的家居陈设品多为竹篾编制品，有的竹编器物还通体髹漆，内漆红色外漆金色，还印有孔雀羽等纹饰，这既是生活用品又是极具民族特色的工艺品。室内除竹制的桌、椅、床、箱、柜之外，还有傣族常用的笼、筐等用具，有简单的帐、被或毛毯，有铝、铁器以及形式、花饰具有地方特色的水盂、水缸等，这些都可作为傣族民居的传统家庭居住陈设。

第二节　中式家庭居住环境陈设艺术的设计理念与应用

一、中国传统家庭居住环境陈设的设计理念

1.体现儒家文化的礼制思想

中国传统文化的主流是儒家文化，它的伦理关系渗透到了社会生活的各个角落，同样也渗透到建筑的形制中，渗透到家庭居住陈设艺术中。

按照儒家思想，家庭居住陈设艺术首先是反映人文意识的社会因素，其次才表现为引起感观和美感的生理功能，即对室内空间的处理，主要目的不是"求其观"，而是"辨主从"。因而，家庭居住陈设艺术的一个基本原则就是通过陈设布置分清主从、长幼的关系，并由此确定家庭居住陈设的价值观。

例如，传统居室的厅堂空间都要贯穿一个主轴原则，以此决定了陈设布置的对称性和主从关系，进而较好地满足礼制观念的要求（图4-5）。根据礼制的观念，最主要的部分放在主轴线上，从属部分逐次分列两旁。在厅堂里，祖宗牌位和神坛居于室内的正中，家长或长辈的座位处于上位，儿女或晚辈按男左女右分列两旁，并且按年龄安排先后座次等。

图4-5　中式客厅的对称形式（郭明月作品）

2.崇尚自然的审美观念

中国传统文化对自然采取顺应和亲和的态度，对自然景观敬爱有加，充分体现人与自然的和谐关系。反映在室内空间的处理和陈设设计上，总是力图将室内环境与自然环境联系起来，并将自然要素尽量融入内部空间中（图4-6）。可采取以下

图4-6　中式风格的自然意境（葛桂方作品）

三种方法：一是利用窗户、门等装饰构件形成开敞和半开敞的空间，将室外景观"借"入室内；二是广泛利用绿植和盆景，使室内增添更多的自然景观元素，尤其是盆景，通过微缩的山川姿色、石形树影使人们在室内能感受到自然风光；三是在家居陈设布置时利用绘画和文字的形式描写自然景观。这些方法都可以让人们在室内产生对自然界美好景象的联想（图4-7）。

图4-7 在室内引入自然的形态（葛桂方作品）

3.注重室内环境的情感意境

中国传统家庭居住陈设艺术力求表达特定的情感意境。如传统徽派民居在厅堂主位后方的条案上陈设三件摆件，分别是中间的座钟、东侧的高花瓶和西侧的镜子，表达了追求"终生平静"、朴素的生活哲学。又如室内空间中布置书画、对联、匾额等，体现了主人对诗情画意的追求和品位。室内布置的绘画都表达了主人的情感和趣味，书法的内容均系美文华章。这不仅是供人欣赏的艺术品，有时也成为营造空间意境的一部分（图4-8）。

对联和匾额是中国室内空间特有的陈设。对联是源于律诗的对偶句，或咏物言志，或写景抒情，或对祖先歌颂缅怀，都展示了极高文采。匾额往往用作厅堂的标志，以极其精练的文笔，表达主人对厅堂赋予的意境或自己和家族的处世信条。这些都是将文学意境与室内的美感融为一体，体现形式与内容的高度结合。

图4-8　用绘画表达情感和趣味（郭明月作品）

二、中国传统文化特征的陈设品在室内空间中的应用

在传统的中国社会里，家、家居和家庭以及它们所涉及的所有方面都紧密地交织在一起。要创造具有中国传统风格的室内环境，除了需要构筑具有中国建筑形制的室内空间外，还应该布置具有中国传统文化特征的陈设品，以加强对传统文化的表达。

1.传统中式风格的家居陈设

传统中式风格是以宫廷建筑为代表的中国古典建筑室内装饰艺术风格，高空间、大开间进深，气势恢宏、壮丽华贵、雕梁画栋、金碧辉煌。造型讲究对称，色彩讲究对比，装饰材料以木材为主，图案多瑞兽、花果、法器等吉祥元素，精雕细琢、瑰丽奇巧。然而传统中式风格的装修造价较高，日常维护难度较大，因此建议在家居空间中点缀使用。

传统中式风格的家居陈设在南北方略有不同。北方大多模仿传统建筑中宫殿和厅堂，如梁架、斗拱、槅扇等，在结构与装饰方面强调中式传统元素，以营造室内艺术形象。室内的顶棚、梁柱、家具、字画、陈设艺术等均作为一个整体来处理。室内除固定的隔断和槅扇外，还使用可移动的屏风、半开敞的罩、博古架等家具，对空间组织起到增加层次和深度的作用。在室内色彩选择方面，北方多采

图4-9　隐喻白墙黛瓦的中式格调（郭明月作品）

用宫殿梁、柱常用的强烈的中国红色，顶棚绘有彩画，用强烈鲜明的色彩取得对比调和的效果。相比之下南方的家居陈设则常用栗色、墨绿色等，并运用对景、借景等园林艺术手法将庭院的自然景观引入室内，与白墙黛瓦形成秀丽淡雅的格调（图4-9）。中国传统家居陈设包括字画、匾额、挂屏、盆景、瓷器、古玩、屏风、博古架等，体现了追求修身养性的生活境界。传统室内装饰艺术的特点是总体布局对称均衡、端正稳健，在细节上崇尚自然情趣，如花鸟鱼虫等精雕细琢、富于变化，充分体现了中国传统美学精神。

　　传统中式风格有一定的形制讲究，不能出现类似宋画和青铜器摆放在一起，砖雕、石雕陈设在卧室的现象。当然如果在明清风格中出现明清以前的陈设品，只要不破坏需要表达的总体意境，都是可行的（图4-10）。

图4-10　青铜器和瓷器的陈设组合（陈晨作品）

2.新中式风格的家居陈设

"新中式"（Modern China）风格主要包括两方面的核心内容：一是中国传统风格文化意义在当前时代背景下的演绎。设计师对传统建筑形制加以分析提炼，进行再创造，将传统的装饰语汇符号化和抽象化，以适应现代审美，创造出既古朴典雅，又不失时代感的室内环境（图4-11）。二是基于对中国当代文化充分理解的当代设计。经过重新演绎的中国传统文化，其设计语汇和元素在现代家庭居住陈设艺术中成为一种最为普遍和受欢迎的风格（图4-12）。

图4-11　传统中式符号融合现代设计语汇（潘轶作品）

新中式家庭居住陈设并非复古明清，而是通过传统中式风格的特征，表达对清雅含蓄、端庄丰华的东方式精神境界的追求。其风格构成主要体现在传统家具（以明清家具为主）、装饰品及黑、浅米、中国红、靛蓝等为主的装饰色彩上。室内布局多采用对称式，用材考究，造型强调线性构成的形式美，色彩优雅而成熟。新中式设计对中式家具的原始功能进行演变，在形式基础上逐渐增加舒适度（图4-13）。比如原先的画案书案，

图4-12　中式意蕴（葛桂方作品）

图4-13　新中式的独特气质（葛桂方作品）

图4-14　功能与文化象征意义（郭明月作品）

如今用作了餐桌；原先的双人榻如今变成了三人沙发；原先的条案如今转变为电视柜；典型的药柜被用作存放小件衣物的柜子。这些变化都使传统家具的用途更具多样化和情趣。

新中式风格不是纯粹的元素堆砌，而是通过对传统文化的认识，将现代元素与传统元素结合在一起，以现代审美需求来打造富有传统韵味的事物，让传统艺术在当今社会得到合适的体现。其主要的性格特征包括：平衡、秩序与祥和；功能性与东方美感；文化象征意义与精神的力量等（图4-14）。

3.中国传统民居中的家居陈设

中国传统民居的种类繁多，独具特色，包括北方的四合院、窑洞、蒙古包，南方的徽派民居、客家土楼、吊脚楼等，这些民居主要指那些富有乡土气息的民间建筑。这些建筑有些仍保留了传统民居建筑原貌，有些则与传统民居有着密切的渊源。因此，对中国传统民居进行设计时，需要对中国传统民俗风格进行继承和发扬。

第五章

家庭居住环境陈设

艺术的多元风格

世界历史上形成的各种家居陈设风格，是人类在不同的地理环境下，根据不同的民族特征、历史文脉、时代背景、宗教信仰及审美倾向而创造的文化遗产。它不仅是人类物质文明和精神文明发展过程的形象记录，也是不同民族、不同地域、不同历史文化特征的表述。面对这些珍贵而丰富的文化遗产，我们应该高度重视，广阅博览，不仅要深入了解中国的家庭居住陈设风格，也要了解其他各国的风格与传统，以此开阔眼界、丰富知识，并不断提高自己的鉴别能力与审美能力，进而更好地做到"古为今用、洋为中用"。

第一节　欧洲传统家庭居住环境陈设艺术

欧洲传统的陈设样式和风格流派，主要包括古希腊式、古罗马式、哥特式、文艺复兴式、巴洛克式、洛可可式及地中海式等。欧洲古典建筑内部空间通常较高大，家具等陈设往往以壁炉为中心来组合布置（图5-1）。装饰造型严谨，顶棚、墙面与绘画、雕塑、家具等相结合，室内多采用带有图案的壁纸、地毯、窗帘、帐幔及古典式装饰画或物件。为彰显华丽的风格，家具、画框的线条部位饰以金线、金边，注重装饰织物的配置和艺术品的陈设（图5-2）。室内照明采用烛形水晶玻璃组合吊灯及壁灯、壁饰等装饰性灯具。

传统的欧式风格在空间

图5-1　传统欧式风格客厅（郭明月作品）

图 5-2　传统欧式风格（郭明月作品）

上追求连续性，追求形体的变化和层次感。光影变化丰富，典雅中透着高贵，深沉里显露豪华，这种风格具有很强的文化感受和历史内涵。

　　欧洲文化以其悠久的历史、丰富的内容、多样的形式为世界留下了令人惊叹的、无比珍贵的财富。家庭居住环境陈设艺术是这些财富中不可或缺的内容，它记载了历史信息与社会生活，体现了民俗习惯、文化内涵和审美取向。认真回顾和审视欧洲家庭居住环境陈设风格的发展，是提高设计艺术水平和艺术修养的必经之路。

一、古希腊时期家居陈设艺术风格

　　古希腊是欧洲文明的发祥地，其在科学、艺术、哲学上的成就对欧洲历史文化的发展产生了深远的影响。古希腊重视艺术对生活和社会生产发展的意义，兼具理性的完美主义与感性的浪漫主义（图 5-3）。

　　古希腊的制陶与金属工艺十分兴盛，陶器种类繁多、器型丰富，罐、瓮、盆、杯应有尽有，礼器和生活器具一应俱全，大者有高达数尺的葬仪礼器，小者有高仅

图5-3　古希腊雕塑陈设（郭明月作品）

几寸的香油瓶。在这一时期创造出了黑绘式彩绘和红绘式彩绘的装饰方法，前者是在黄或褐色陶壁上，用黑色作剪影式描绘；后者是在赤褐或黄褐色陶壁上，先用黑色或深褐色勾勒出形象，然后在形象以外部分涂上黑色。

古希腊时期最出色的金属工艺是青铜工艺，常用于制造陈设于室内的精美器皿。青铜器的装饰前期多为抽象的几何纹样，到后期为写实的图形。这一时期的青铜鼎大多是用于祭神的礼器，其装饰内容多为神话故事。

公元前6世纪古希腊的家具结构及形式与古埃及相似，到了公元前5世纪古希腊家具开始出现新的技术和新的造型。椴木加工技术的进步，使座椅造型出现了优美曲线的椅腿和自由活动的坐垫，创造了自然而优美的单纯形式。虽然古希腊已有了多种家具，但因当时的住宅大多较小，所以家庭居住陈设只有少量必需的家具，一般的生活用品大多挂在墙壁上，形成一种简朴的家庭居住陈设风格。

二、古罗马时期家居陈设艺术风格

公元前6世纪左右罗马奴隶制国家兴起，在吸收古希腊文化的基础上形成了古罗马的文化特征。古罗马的工艺美术品和家庭居住陈设品种类丰富，技艺精湛，尤其是银器工艺的成就最为突出。银器除餐具的碗、碟、杯、壶、刀叉之外，还有化妆用的银镜及首饰等。其装饰纹样大多采用浮雕法，到公元前3世纪以后装饰手法更趋复杂，既有用线刻代替浮雕的，也有作局部"黑金"（银、铜、铅的合金）镶嵌的，展现出精致华美的制作水平。

古罗马时期的青铜器制品相当丰富，从生活器皿到家具种类很多，生活器皿主要有壶、碗、杯、油灯、烛台、火钵等。其中烛台是当时室内必备的陈设，富庶之家的烛台往往用纯银制作，造型别致，烛台本身有时采用人像雕塑的造型，既美观又具有实用性。

古罗马时期玻璃工艺已有相当发展，生产了大量的实用器皿。这些器皿由于制作的不同而呈现不同的装饰效果，其中有一种做法是将多种颜色玻璃进行交融渗合，形成带有镶嵌画效果的装饰；另一种是在玻璃外壁用浮雕工艺做出多种图案，达到玲珑剔透的装饰效果。

此外，古罗马时期玉石工艺、象牙雕刻、陶器工艺和染织工艺等都有不小的成就，其制品无疑成为当时室内重要的陈设品。

公元前6世纪的古罗马家具带有奢华的风格，如铜质仿木家具中装饰模铸的人物、动物和植物图饰，这些图饰大多是造型复杂的狮爪、人面狮身、莨苕叶等。此外，在座椅、长榻等家具的表面还会饰以华丽的织物，展现华丽的风格。

这一时期家庭居住陈设品中雕塑的形式和内容是多样的，与以往相比，古罗马雕塑更多地脱离建筑而独立存在，内容趋向于现实主义题材，手法更写实，题材也更加世俗化，其表现对象多为现实生活中的人物，如积累家族财富和权势的先辈、立下赫赫战功的军事领袖等。

古罗马住宅的墙壁多以壁画装饰，效果饱满醒目。壁画风格大致可分为镶嵌风格、建筑风格、埃及风格和巴洛克风格。镶嵌风格是在墙上用灰泥塑好建筑细部，作出凹槽以分割墙面，并涂上颜色，模拟出成彩色石板镶嵌的效果。建筑风格则通过在墙面上用色彩画出建筑细部，用透视法营造出室内空间比实际上要宽敞得多的视觉效果，并在墙面中央安排较宏伟的情节性绘画。埃及风格强调精致平面感，在墙面上用色彩绘制小巧玲珑的静物和小幅神话场面，具有典雅的装饰感。巴洛克风格与17世纪流行的巴洛克风格相似，在墙上绘制多层非常逼真的景物，烦琐又富丽，具有空间感和动感，色彩华丽。

三、中世纪家居陈设艺术风格

5世纪到14世纪也称中世纪，此时欧洲处于政教合一的封建制度之下，基督教渗透到文化的各个方面，成为人们精神生活的主宰。因此，当时的工艺美术和家庭居住陈设自然具有极强的宗教烙印。中世纪的工艺美术和家庭居住环境陈设的主要成就表现在家具、象牙雕刻、金属工艺品、织物等方面。

1.家具

中世纪的家具中使用最普遍的是箱柜类家具，这是由于当时各个国家（城邦）之间战争频繁，人们生活动荡不安，所以收纳物品的箱、柜成为必备的家具，也是室内最常见的陈设。中世纪的家具主要有拜占庭风格、仿罗马风格和哥特风格。

拜占庭风格的家具在形式上继承了古希腊后期的家具风格，其装饰感很强。座椅和长榻多用雕木支架，并镶嵌象牙雕刻。另外，家具的面饰应用了东方传入的丝绸，增添东方艺术的韵味。仿罗马风格的家具因袭古罗马家具，用镟木技术制作座椅、靠椅以及凳子的腿，并用木雕的兽头、兽爪作为装饰。当时较典雅的贮藏家具是多腿屋顶形斜盖柜子，其正面采用薄木雕刻的曲线图案和玫瑰花饰。

哥特风格的居室一般没有单独的寝室，都将床放在厅堂的一角，所以床的大型顶盖非常流行，形成一个半封闭的大床，这是当时家居陈设的一个特点。受哥特建筑的影响，哥特风格的家具比例瘦长高耸，强调垂直线条，并多以哥特式尖拱上的花饰、浅浮雕的样式来装饰箱柜等家具的正面，有些家具还雕刻怪兽和人物等图案。另外，在哥特式家具的后期发展中，出现了带有哥特式焰形窗饰的雕刻，椅子的设计不用脚柱来支撑，多采用类似箱子的结构。家具油漆的色彩较深，其图案漆绿色，底板漆红色。

2.象牙雕刻

象牙雕刻展现出较高的工艺水平。当时纯观赏性的象牙雕刻陈设很少，多是作为圣遗物箱、圣瓶盒、圣书书函和圣像板的雕刻装饰。中世纪的小型祭坛是基督教徒必不可少的，它可以陈设在室内供做礼拜，也可折叠合拢后便于外出随身携带。这种小型祭坛一般都用象牙雕刻制成，有的外形近似哥特式建筑模型，上面雕有耶稣生平等图案。

3.金属工艺品

中世纪的金属工艺，尤其是贵金属工艺相当发达，其工艺特点是金属、珐琅和宝石的结合运用。贵金属工艺品大多用作装饰祭坛、遗物箱、十字架和圣书书函，其宗教性质很强。中世纪后期的贵金属品种有所扩展，工艺技巧也更加高超，如在金银板上运用传统的"收挑"工艺表现人物、鸟兽等造型，形象准确生动，有的在浮雕的形象上施以珐琅，增加色彩和层次。

4.织物

织物的工艺特点主要表现在装饰纹样上，初期主要采用基督教的象征性图案，如十字架、鱼、羊等，后来出现了各种鸟兽纹样和宗教人物形象，以及较大场面的历史故事等。在织物工艺中，壁毯的制作占有重要地位。因为教堂、邸宅内流行壁毯装饰，同时一些诸侯、骑士及高级圣职者常常易地居住，以壁毯作家庭居住陈设便于转运，很适合当时的情形。

欧洲中世纪的工艺美术内容丰富，技艺精良，它的审美观念与宗教密切地联系在一起，家居陈设的宗旨不仅要满足生活需要，还要使人们感受到基督教精神所在，所以其格调是严肃和凝重的。

四、文艺复兴时期家居陈设艺术风格

14世纪后半叶至16世纪，是欧洲社会从封建制度向资本主义制度的过渡期。首先在意大利兴起的、以人文主义为主要内容的文艺复兴运动，是艺术的、科学的、思想的、社会的革命。这一时期的工艺美术和家庭居住陈设的特征较中世纪而言出现了几个重要的转变：一是逐渐摆脱了教会的控制，工艺美术和家居陈设由宗教性质变成了宫廷性质；二是工艺美术和陈设品与人们的生活需求更为密切，导致了工艺美术和家居陈设品的空前繁荣；三是思想的进一步解放使艺术家和工艺家的智慧和才能得到了充分发挥；四是工艺品、陈设品在造型、色彩方面更注重与室内空间的协调关系，器物造型也更多地考虑适用和方便的因素。

1.家具

在这一时期，由于社会活动的日益频繁，制作工艺精致的椅凳成了室内必备的家具。同时陈列柜在新兴的城市贵族家庭中开始流行，为了展示财富、博学和教养，他们大多有一间豪华书斋，其中陈列柜被用来收藏书籍、工艺美术品及实验仪器等。文艺复兴时期，卧室也是居室的重点，其中仍普遍采用有顶盖的四柱式大床，有的装饰十分华丽（图5-4）。

15世纪后期，意大利的家具制作与建筑装饰艺术有机地结合起来，把建筑中

图5-4　文艺复兴时期的风韵（郭明月作品）

的柱式和各种细部作为箱柜和桌椅等家具的立面装饰。文艺复兴后期，家具的装饰使用灰泥模型作浅浮雕，并在上面施以贴金和彩绘，工艺非常精细，装饰效果非常好。

法国文艺复兴时期的家具造型别致，工艺精细，常雕以饰带、檐板及花叶卷蔓。文艺复兴后期的家具造型精致华贵，如在家具中使用石材镶嵌装饰和贴金装饰，还有的在家具装饰中运用女像柱、半柱像及花卉浮雕。

英国文艺复兴时期的家具带有很多本民族的特点，造型简洁明快。到文艺复兴后期，英国王室和宫廷家具的装饰渐趋豪华。

2.陶器与玻璃器皿

在人文主义思想影响下，贵重金属工艺趋向衰落，而陶瓷和玻璃器皿因工艺简便和价格较低，能满足广大市民阶层的需求而被广泛重视。

意大利陶器的装饰色彩以青、黄、绿、紫为主。早期纹饰内容多为图案化的植物、鸟兽及文字组合等，晚期则主要表现神话故事、寓意人物或日常生活情景等。常见的器型有大盘、把手壶、敞口瓶等。

16世纪后期，法国陶器以浮雕式手法代替了意大利陶器的绘画方法，形成了独特的风格。常见的装饰题材有贝壳、鱼虾、昆虫、爬虫类动物等，表现手法写实生动。

这一时期的玻璃工艺相当发达，杯、盘、碗等是常见的器型，它们的造型多模仿金属器或陶器，壁底多呈现深蓝或赤紫的半透明色。早期的装饰是在成型的器皿上加彩绘，再二次烧成。彩绘内容多为表现神话故事、寓意人物以及骑士、淑女等。后期这种带绘画装饰的玻璃器皿逐渐被透明程度高的玻璃器皿所取代，新型的玻璃器皿质地细腻，造型优美且器壁较薄，充分发挥了玻璃材料自身的特性。此外，还出现了模仿大理石或玛瑙纹样色彩的玻璃器皿，具有富丽典雅的装饰效果。

3.金属工艺品、染织品等

到了文艺复兴后期，意大利的贵金属工艺随着市民阶级生活的富裕而有了一定的发展，其品种和造型特点与中世纪有很大区别。这一时期欧洲的金属制品多为餐具、烛台、甲胄刀剑和壁炉装饰等，装饰内容虽也有模拟哥特式建筑的局部风格，但更多的是人物或动植物形象的装饰。

文艺复兴时期的纺织品种类繁多，其中最出色的是织锦。由于当时皇宫、官邸流行用织锦作壁面装饰，且需求量大，因而欧洲各地的织锦工艺都很兴盛，并形成了地方特色。巴黎织锦的纹饰多以英雄传说或骑士故事中的人物为主，追求一种淡雅清新的风格。布鲁塞尔织锦的纹饰以宗教故事或历史传说为主，表现手法带有绘画的特点。

此外，文艺复兴时期玉石工艺、宝石加工工艺、琉璃镶嵌工艺、水晶板浮雕工艺、皮草及编织工艺等也十分兴盛。

总之，文艺复兴时期的工艺品种类繁多、造型优雅、材质丰富、装饰瑰丽、制作精湛，家庭居住环境陈设的水平有很大提高。尤其是人文主义思想的深入人心，使工艺品开始渗透到广大市民的生活中，实用美观的陈设品在民众中得到前所未有的普及。

五、巴洛克风格

巴洛克艺术一反文艺复兴时期的庄重典雅、和谐含蓄的风格，呈现出豪华雄壮和自由奔放的特征（图5-5）。巴洛克艺术中作为陈设品的工艺品主要有家具、织锦壁毯、玻璃器皿、陶器等。

图5-7　繁复纤细的洛可可风格（郭明月作品）

与巴洛克家具原来那种对称、厚重、夸张之风相反，洛可可家具具有轻巧、自由、精细的风格。它强调表面装饰，有的是叶子和花交错穿插在岩石或贝壳之间，有的用青铜镀金、雕刻描金、线条着色、镶嵌花线与雕刻相结合等进行装饰。洛可可风格崇尚柔和的浅色和粉色调。所有这些做法都是致力于追求家具的纤巧与华丽，强调舒适轻便，形成富于强烈感官色彩的新艺术风格（图5-8）。

图5-8　洛可可风格的卧室（郭明月作品）

洛可可风格强调家具的形式和室内装饰形式的一致性，形成一个整体。这种观念在巴洛克风格中已有体现，但在洛可可风格中更趋向完美。这种观点对建立现代室内设计、陈设艺术的理论具有有益的借鉴作用。

2.陶瓷

在这一时期陶器工艺开始兴盛。法国在路易十四时期因战争耗费了大量资财，所以政府提倡以釉陶代替金银器作餐具，并开始在宫廷和权贵中流行使用精美的釉陶器皿，促使釉陶业盛极一时。路易十五时期釉陶更受富裕市民和中产阶级的欢迎。后来随着瓷业的兴起，瓷器逐渐代替了釉陶。18世纪初，德国烧制出欧洲最早的硬质瓷器，继而盛行于欧洲其他国家。当时瓷器的特点是普遍装饰以洛可可式的纹样，造型也呈现洛可可式的优美曲线。器型除生活器皿外，也有纯装饰性的作品。

3.织物

洛可可时期的法国织锦工艺在巴洛克的基础上出现了历史的高峰。

高档家具的衬垫、室内壁毯和服饰的大量需求，促进了织锦工艺的繁荣。洛可可式织锦在装饰纹样上有以下几个特点：一是自然而具象的植物纹样的表现；二是纹样多以非对称形式构成；三是纹样的特点具有绘画性。

到了18世纪六七十年代，随着社会风尚的变化，自然主义纹样逐渐被图案化纹样所代替。

4.玻璃及金属工艺品

这时的玻璃制品日趋豪华。意大利生产的一种花坛式玻璃吊灯，繁复华丽、缤纷多姿，是当时洛可可风格的工艺杰作，反映了贵族阶层典型的审美情趣。

洛可可时期的金属工艺主要应用在宫廷贵族使用的餐饮具、鼻烟壶、饰盒等用品上，此外，在家庭居住环境陈设中的家具、挂钟、镜框的装饰上也广泛采用。洛可可式金属工艺的基本特点是赋予冷峻坚硬的金属以温柔的感觉，使人感到亲切。当时金属工艺品的另一特点是很少使用纯金属，而兼搭宝石、陶瓷、玻璃等材料，如此处理既丰富了装饰效果，又提高了作品的豪华程度。

七、新古典主义时期家居陈设艺术风格

18世纪后半叶至19世纪前半叶，新古典主义在欧洲成为工艺美术的主流。工业革命后欧洲国家的工业已比较发达，复古潮的产生背景耐人寻味。在政治上，新

图5-9　新古典主义风格（郭明月作品）

图5-10　新古典主义的装饰元素（郭明月作品）

兴资产阶级建立了资产阶级民主制度，这是希腊时期政治形式的复兴，他们希望强调这个立场。在审美上，体现出与以往的皇室、贵族、地主阶级鲜明的区别，而不愿成为被推翻的统治王朝的延续。再加上工业革命后欧洲国家在世界考古上取得的巨大进步，使古典主义风格一度兴盛。新古典主义崇尚庄重典雅、理性和谐及具有古典意趣的艺术风格。

新古典主义陈设艺术的成就主要体现在家具、染织品、金属及玻璃工艺品等方面，是在传统美学的规范下，将欧式古典风格中过于复杂的符号除去，保留其优美典雅的比例，演绎传统文化的精髓。它不仅拥有典雅端庄的气质，还具有明显的时代特征。新古典风格源于古典，讲求风格，用简化的手法、现代的材料和加工技术去追求传统样式的韵味特点，注重装饰效果，用家居陈设品来增强历史文脉特色（图5-9）。

1. 家具

新古典主义的家具在巴洛克和洛可可风格的基础上，出现了装饰形式完全脱离结构理性的偏差，产生了以瘦削直线结构为主要特征的新古典风格家具（图5-10）。因它形成于法国路易十六时代，故也称路易十六式家具。

这种风格摒弃了路易十五式的曲线结构和虚伪装饰，以直线造型为主，因而更加强调结构的力量感。例如，无论采用圆腿还是方腿，都做逐渐向下收分的处理，同时在腿上刻以槽纹，更显出支撑的力度。

新古典主义前期的家具主要是对洛可可式家具奢侈而矫揉造作装饰的修正：以直线代替了曲线，以对称结构代替了非对称结构，以简洁明快的装饰纹样代替了繁琐隐晦的装饰。

新古典主义后期，尤其是法国的帝政时代，家具的复古趋势更加明显，从形式看几乎就是古罗马式家具的翻版。装饰艺术的过分模仿，必然造成生硬、夸大的缺点。

2.染织品

以法国为例，当时缎子、麻纱、印花绸、天鹅绒、刺绣等织物以及各种印花布十分流行。织物常见的色彩是蓝、黄、绿、粉红、淡紫、玫瑰红和灰色、白色等。另外，条形布也曾风行一时。

染织品的图案色彩在新古典主义时期增加了蓝、绿、灰等冷静肃穆的成分，并增加了"满天星纹"。当这类织品用作家庭居住陈设和家具的色衬时，可一反洛可可那种浮华的气氛，营造出室内环境的冷静和安宁。

3.金属及玻璃工艺品

当时的金属工艺，尤其贵金属工艺，在造型和装饰上摆脱了洛可可式的浮华造作，受古罗马金银器的影响，呈现典雅、庄重而含蓄的古典风尚。金银器除日用品外，纯装饰性的金银陈设品在这一时期有了很大的发展，主要是人像造型，表现手法细腻，也同样具有浓厚的古典主义雕刻的风范。

新古典主义时期的玻璃工艺品造型具有对称、和谐的特征，尽管造型变化丰富，但仍显得庄重典雅、和谐统一。当时的玻璃制品有供宫廷和贵族阶层使用的日用器具陈设，如各种酒杯、玻璃盖杯、瓶罐等，还有灯具、壁镜等室内装饰陈设。这些玻璃陈设品，在宫廷、教堂以及贵族阶层和市民阶层的室内装饰中都发挥了重要作用。

八、地中海风格

地中海风格（Mediterranean style）起源于9～11世纪，反映的是地中海多个沿海国家的室内家居、户外花园和自然闲适的居住环境，主要来自欧洲的希腊、法国、意大利、西班牙和葡萄牙。尽管每个国家都有自己独特的风格，但是这些风格之间有很强的关联。地中海风格多采用蓝白色系、岩石色系等纯美的色彩方案，在明亮柔和的阳光下似乎把地中海的清风带到室内。运用拱形门、窗和壁龛营造浪漫的空间氛围，拱形不可过于工整精细，需要流露出不修边幅的自然之感。欧洲传统的罗马柱装饰线条，流露出古老的文明气息。运用原木、砖石砌边的壁炉温馨大气，散发出古老尊贵的田园气息和文化品位。隐喻波浪水流的色彩斑斓的纹理和古典木家具、藤家具就是典型的地中海风格的符号。彩色小块瓷砖、铸铁把手、厚木门窗、手造陶艺，营造出极具亲和力的海洋气息。

地中海风格具有独特的美学特点，在组合设计上注意空间搭配，充分利用每一寸空间，集装饰与应用于一体，在组合搭配上避免琐碎，展现出大方自然的美感。

第二节 日本传统家庭居住环境陈设艺术

日本在国土面积、自然资源上，并无任何优势可言。但在建筑、室内、产品设计等领域都有经典作品和大师问世，并以其独特的风格受到世人的普遍关注。

一、日本传统家居陈设风格的形成

日本传统家居陈设风格具有鲜明的特色，是东方环境艺术的典型代表之一。它的形成首先是源于自然条件影响下的民族精神。日本是位于亚洲东北部的岛国，气候温和、雨量充沛，自然环境得天独厚。日本人世世代代生活在这种优美的自然环境中，培养了对大自然热爱与崇尚的感情，形成了自然主义的民族精神和文化根基。日本人出自对自然的崇拜，认为万物有灵的观念根深蒂固，从建筑和装饰到工艺美术和绘画，无不追求朴实、平和、含蓄、深奥、清淡、静谧的审美情趣。他们倾心于一草一木、一石一花，寓意人生、寄以深情。

首先，作为狭小岛国，日本的自然资源有限，国土大多为山地，因此面临生存空间狭小的问题。这样的自然环境，导致日本很多生存资源长期依靠进口，同时又必须通过扩大出口来带动发展。由于资源和空间的限制，日本人长期以来养成了简朴、节约的习惯，也使得他们对器物的概念十分看重，如同其传统文化中的茶道、插花的器皿及日本料理的食器等都体现出精致和小巧。而这一造物习惯在日本工业化后的现代设计中很好地延续发扬，保持了日本制造精致、多功能、工艺上乘的优良品质。

其次，源于外来文化的影响。日本历史上经历了两次大的文化输入，第一次是在6世纪中国隋唐时期，日本派出大量遣隋使和遣唐使，大力引进中国文化，使得"唐风"在各个方面盛行，并极大地影响了日本的家庭居住陈设风格；第二次是在19世纪中叶的日本明治维新，日本立足于本民族特有的审美意识和文化传统的基础，吸收了西方的先进文明，形成了独特的现代家庭居住陈设风格，即再加工乡土与和式传统家庭居住陈设风格。日本善于借鉴、消化、吸收外来文化，其家庭居住陈设有巨大的包容性与融合力，这是日本家庭居住陈设风格的另一特征。

最后，由于日本的平原少，人均占地面积小，因此空间的利用对日本的建筑和室内设计尤为重要。在日本传统的居室中大部分设有低矮的窗户和拉门，并糊上可以透光的纸张，如此处理既可使阳光能照进室内，又使室内外的景观得到延伸。为使室内空间具有通透和空旷的效果，其居室装饰极为简洁，家具比较低矮。因此，在室内设计中充分利用有限的空间是日本室内设计的又一特征。

二、日本传统室内空间形态与陈设

日本的传统建筑室内一般称为和室，它是以古代书院式住宅为基础，加进草庵式茶室的某些要素并融合多种样式而形成的。

和室内有许多与一般建筑室内不同之处。首先表现在对自然的亲近，和室的地面、墙面、顶棚等多采用天然材料，有回归自然之感。地板、支柱、壁面及门窗等都有和谐的比例，使人感到自然舒展。而且室内与室外景观联系密切，开启推拉门能使自然的景观与室内连成一气，浑然一体。其次表现在功能的多元性，人们要脱鞋入室席地而坐，室内可放置除床以外的有不同用途的家具。白天放上矮桌、书桌、坐垫等成为客厅或书房，晚上在地面铺以被褥就当成卧室，方便而简洁。

和式茶室也体现了日本传统居室建筑风格的典型特征。随着茶道的兴起，在幽静环境中品茶成为风尚，草庵式的和式茶室便应运而生。这种茶室一般很小，多与野趣的庭院结合，内外都取不对称布局，以达到小而求变的效果。茶室的内部装饰与陈设力求古朴自然，除木柱、草顶、泥壁、纸门外，还常用毛石作踏步和炉灶基座，用园竹作窗棂和悬吊搁板，用粗糙的苇席作屏障等。室内柱、梁、檩等建筑构件，有时用带树皮的树干制备但不作修直。茶室内搁物架、柜的立柱，也要有刚柔相济的弯度，纹理以苍劲古拙为上。

茶室内以矮型茶几为中心，在茶几上设有茶叶筒、盒、罐、茶壶、茶碗等造型和工艺非常讲究的瓷器陈设，在茶几的周围设椅凳（坐于地面的专用坐具）或放置日式蒲团（坐垫）（图5-11）。茶室的重要装饰大多是挂轴画，供进入茶室的客人首先鉴赏龛中的墨迹。另外，室内还可摆放插花、花伞以及使用竹帘子等，墙角布置方灯、灯笼、陶罐等。茶室的陈设设计要注意茶道用具的协调美，人与物的契合美，用材的自然美以及室内形态的空灵感，以充分体现茶道中追求的"和美"的境界，也即清心、平和、自然的禅境。

图5-11　日式风格的茶室（潘轶作品）

1. 构成和室空间特征的主要元素

（1）叠席。叠席也称"榻榻米"，是由蒿的根部、稻草或兰草编成的，中间主体部分一般为淡黄色，四周用深绿色、深褐色的布或素色花纹布包边，也有的用绢、麻、木棉等织物作包边材料。叠席铺在地面当作床用，四季皆宜，且给人以返璞归真、宽敞自由的感觉。和室中铺的叠席有多有少，具体可根据室内面积大小而定。大多数情况下同一间室内的叠席色彩基本一致（图5-12）。

图5-12　日式叠席的设计元素（潘轶作品）

（2）墙壁。和室的墙壁多为木作，并需涂防水涂料。木作墙面色彩以浅黄、浅绿为主，但为了与浅色家具、叠席之间形成对比色调，也有采用深色墙壁的。墙上一般挂置绘画和书法作品。

（3）门窗。和室普遍使用纸糊门窗，其框架为方形格子，格子的尺寸可自由选择。表面裱糊的和纸有无花纹和有花纹两种。这种门窗透进的光线柔和，利于制造温馨气氛。

门窗皆为推拉式，开启后的门窗框恰似取景框，将自然的绿化景观框入其中，酷似中国园林中的"框景"手法。

2.表现和室风格的主要陈设品

（1）插花。日本的花道自成一体、久负盛名，它是一种修身养性的方式，是一种体验自然情态的途径。日本人认为，花是经过长期自然形成的、包含生命理念的物体，在日本人的精神生活中，花道和茶道一样占有非常重要的地位，因此插花是和室必不可少的陈设。

插花有多种流派，但总的审美情趣是统一的，即重视意境和思想内涵的表达，注重将花材人格化，借自然材料表达创作者的精神境界。

插花在造型上以线条为主，充分利用花材的自然姿态和优美线条，表达意境，抒发感情。在构图上多采用不对称方式，布局主次分明、虚实相间、俯仰顾盼、左右呼应。色彩以淡雅素净的色调为主，主张"轻描淡写"。也有"浓墨重彩"的插花，但主要是用于宫廷或公共场所。其具体手法主要是以三个主枝作为骨架，在此基础上做出高低、俯仰多种姿态，如直立、倾斜、下垂等。

（2）障屏与障屏画。障屏是和室内用以分隔空间的活动壁板，其内外两面都绘有障屏画，障屏画多是用大和绘手法绘制的。大和绘又称倭绘，是以描绘日本风物为主，具有浓厚日本民族特色的画种。早在9世纪日本就已出现大量大和绘障屏画，一直沿袭至今。

传统和室将障屏画作为室内装饰与陈设的重点。处理手法也有多种，除绘画（多为松、竹、梅、鹤图）外，有的布满书法作品，也有的彻底简化，只涂上白色并用黑色镶边。门处一般不设把手，只在门的适当位置挖个圆形或方形的槽，借以开关门。

（3）浮世绘。17世纪，随着商业的发展和城市享乐主义的盛行，出现了一种表现歌舞伎、艺妓和市井生活，或以名胜风景为题材，具有世俗感的障屏画或卷轴画。因为这种绘画的内容和形式都反映了社会的市井生活和审美取向，故被称为浮世绘。这种绘画后因社会的需求量增加而进行雕版印刷，故称为浮世绘版画。

浮世绘的内容和形式都体现了浓郁的日本民俗风情，并以其无阴影平涂的色彩，自由而形式感强烈的构图，成为典型的日本绘画。浮世绘不仅在日本社会中受到青睐，还对欧洲的现代美术也产生了深远的影响。

（4）壁龛。"壁龛"是和室中最重要的部分，最早供奉神龛，后来逐渐演变成挂置书画、放置各种装饰品的空间。

挂置的书画有卷轴式和镜片式两种。卷轴式书法作品以行草书为主，为和式书风，除汉字外还有雅致流畅的假名书法。书法的内容和形式很多：有单写一个字的，有书写一行字的，有书写一副对联的，也有书写一篇文章的。卷轴式绘画作品，有工笔花鸟画，有大小写意山水、人物、花鸟画，常见的有松山图、鲤鱼戏水等。镜片式书画作品以横幅为主，内容与卷轴式书画相类似。

（5）其他工艺品。在和室中，金属器皿、陶瓷器皿、漆器、染织品等也是不可缺少的家庭居住陈设品。日本的工艺品因时代不同而内容丰富、形式多样、风格鲜明。它是表现和室时代特征和地方特色的重要内容。

第三节　非洲、美洲等地区的传统家庭居住环境陈设艺术

世界的文化形态是广泛、多元的，要了解世界各地家居陈设的风格，最有效的方法是选取最具代表性地区中最有典型意义的陈设风格，就地区而言主要有古代波斯、古印度、伊斯兰地区、非洲、美洲、大洋洲等。

一、古代波斯风格

公元前1538年波斯帝国统一了两河流域的众多奴隶制国家，进一步发展了古代的波斯文明，并对东方各国产生了不同程度的影响。

古代波斯的编织工艺、金属工艺及细密画发展较早，尤其是地毯工艺以其优质的材料、精致的技巧以及美丽的装饰而享誉世界，经久不衰。古代波斯的细密画是独树一帜的艺术表现形式，其作品大多能体现作者高超的工艺水平和独到的匠心。

波斯民族多民族群居和流动性的生活习俗赋予波斯的陈设艺术巨大的包容能力和活力。其浓郁的世俗气息和原始的人文主义思想特征，使作品具有一种强烈的乐观情绪。

二、古印度风格

古印度是世界四大文明古国之一，其工艺美术历史悠久，制作精美，造型和装饰丰富多彩。古印度陈设艺术的成就主要体现在技艺成熟、风格自成一体的宗教雕刻上，同时也表现在各种风格的工艺品的制作上。

古印度风格主要特征表现为：一是宗教性较浓，宗教既是人们艺术创造的动力，又是艺术作品颂扬的对象，同时宗教又赋予工艺美术独特的形式感。二是抽象的造型、含蓄的色彩、精致的纹饰及变化多端的线条。三是官能性的表现，古印度工艺美术有不少对生殖的崇拜和对性的直观表现成分，主要反映在艺术形象和故事

情节上。赞美人体，歌颂生命，也是其人文主义内涵的流露。四是许多作品都反映出浪漫主义色彩，造型夸张，纹饰活泼，线条富于动感，不少装饰纹样都具有浓厚的节律和韵味。

三、伊斯兰传统风格

伊斯兰传统风格是随着中世纪伊斯兰教兴起和传播而形成的，主要集中在中东地区。伊斯兰装饰艺术有两大特点：一是拱券和穹顶的多种花式；二是大面积表面图案装饰。券的形式有双圆心尖券、马蹄形券、火焰式券及花瓣形券等。券的表面作大面积秀丽图案装饰，装饰图案主要有花叶形、几何形和阿拉伯文字形。墙面主要用花式砌筑，随后又陆续出现了平浮雕式彩绘和琉璃砖。室内用石膏作大面积浮雕，涂绘以深蓝色、浅蓝色为主。家居陈设多用华丽的壁毯和地毯，偏好大面积的色彩装饰。

伊斯兰风格的陈设艺术以其明快的色彩、繁丽精致的装饰展示了巨大的艺术魅力，在世界上独树一帜，在金属工艺、染织工艺和陶瓷工艺等方面有着十分突出的成就。伊斯兰风格图案多以蔷薇、风信子、菖蒲等植物为题材，曲线匀整，结合几何图案，其内多缀以《古兰经》中的经文，具有艳丽、舒展、多变的效果。陈设品在艺术形式上注意整体与局部的统一、直线与弧线的统一、简洁与繁杂的统一、造型与装饰的统一、文字与形象的统一，从而形成了独特的伊斯兰风格。

四、非洲传统风格

非洲是人类的发源地之一，也是最早进入文明的地区之一，其地域广大，人种和民族较复杂，各地的发展不平衡。传统工艺美术的繁盛地区主要在西非和中非，赤陶和青铜工艺、木雕工艺，都以夸张精美而著称于世。

非洲陈设艺术总的风格特点是：首先，因环境及历史的原因，古代工艺美术长期保持了一定的原始特征，充满古朴、稚拙、简洁的气息，同时较多反映原始宗教、祭祀、巫术。其次，由于幅员辽阔、部族繁多，因而形成了千差万别的艺术形式，但也蕴含共同的特征，那就是热烈奔放、鲜明简括，具有很强的艺术表现力。最后，古老的非洲工艺美术在造型、装饰和色彩等表现手法上透露出不少现代感，对西方世界的工艺美术风格的形成、发展产生显著的影响。

五、美洲传统风格

古代美洲主要指15世纪以前印第安人的美洲，在那里曾出现过灿烂的墨西哥文化、玛雅文化和安第斯文化。

在古代墨西哥文化中，工艺品内容丰富，形式和风格多样。无论是奥尔麦克人的玉石雕像，还是托尔提克人的镶嵌头像；无论是米斯特克人的黄金胸饰，还是阿兹蒂克人的彩绘陶瓷，都展示了迥异的装饰风格。

玛雅文化既是古代美洲文化的骄傲，也是世界古代文明的重要标志之一。玛雅的陶塑表现了玛雅社会各阶层的人物形象，且极具写实风格，是玛雅社会生活的一面镜子。玛雅的陶器分象形类和实用类两种。所谓象形，主要是模仿神明和动物的形象。而实用类的陶器，一方面体现器物的实用性，另一方面强调造型的变化，以绘画和雕刻作为装饰的形式。

安第斯文化除了金属工艺和雕刻工艺外，最有成就的是纺织工艺。后人所掌握的每一种纺织技术，在当时安第斯的织匠那里都有所体现。织物的布质紧密，有的花纹中还夹有金丝银丝或艳丽的羽毛，色彩富丽而和谐，堪称世界纺织工艺之最高成就。

美洲传统陈设艺术的最大特点是风格的多样性和对生活的适应性，这是由地域广大、民族众多并相互分隔的情况所决定的。陈设品的造型和装饰纹样追求丰富多变的效果，对人物、动物形象以及其他自然形态进行大胆夸张的表现和抽象化的处理，是一个突出的风格特点。在很多工艺品上反映自然淳朴的感情，表达质朴善良的愿望和天真快乐的心情，这又是世俗文化在陈设品中的具体体现。

六、大洋洲传统风格

大洋洲有美拉尼西亚、密克罗尼西亚和波利尼西亚三大群岛，这三大群岛古代都有过灿烂的文化，代表了大洋洲传统文明的主体。大洋洲的植物、贝壳和石料资源丰富，因而在木制工艺、编织工艺、贝壳工艺和石材工艺的发展上得天独厚，成就斐然。

大洋洲土著民族的陈设艺术带有强烈的宗教性，大量的工艺品都是围绕着图腾崇拜而展开的。传统作品无论是石器、陶器、贝壳制品和植物编织品，还是生活用品和渔猎工具，都带有拙朴、刚劲、简约的原始风格。创作的原材料，都是天然材料，很少有人类加工再造的材料（金属、陶器、玻璃等），这虽然与生产水平有关，但是也反映出审美的自然主义倾向和艺术与大自然融合为一体的风格。

七、美式风格

美式风格是别墅陈设比较流行的风格，主要起源于18世纪各地拓荒者的居住环境，带着浓厚的乡村气息，突出舒适和自由（图5-13）。在布料、皮料、木料的选择上，强调原本的质感。家具以殖民时期为代表，体积庞大，质地厚重，坐垫松软厚实，主要运用自然怀旧的大地色系，彻底将以前欧洲皇室贵族的家具平民化，气派而且实用（图5-14）。

美式风格非常重视生活的自然舒适性，充分展现出乡村的朴实。布艺是美式风格中非常重要的元素，本色的棉麻是主流，各种花卉植物、靓丽的异域风情和鲜活的鸟虫鱼图案很受欢迎。摇椅、碎花布、野花盆栽、小麦草、水果、手作瓷盘、铁艺制品等都是美式风格空间中常用的陈设，彰显舒适和随性。

图5-13　舒适自然的美式风格（郭明月作品）

图5-14 美式风格的色调和材质（郭明月作品）

第六章

现当代设计流派影响下的家庭居住环境陈设艺术

第一节　现代设计流派的影响

第一次工业革命之后，欧洲进入了新的文明阶段，机械化批量生产使工艺品的数量空前增长，产品的使用不再局限于宫廷和权贵，而是与普通人发生了密切的关系，得到了较大范围的普及。同时随着社会形态、科学技术和生活方式的进步与变革，人们的审美情趣和功能要求都发生了巨大变化，从而出现了现代风格的工艺美术和家居陈设。总的说来，其基本特征是大众化与简洁化。工业化、机械化的生产要求工艺品的造型和装饰上趋向简洁；对人性的进一步关注，促使产品的功能性得到高度重视；生活内容的日益丰富，使产品的品种更加多样；审美观的转变，让人们开始认同和欣赏单纯的造型和简洁的装饰，摒弃了过去那种繁复晦涩的表现手法。

一、工艺美术运动

"工艺美术运动"是在工业革命后手工艺界一度陷入迷惘和困惑的情况下产生的。它一方面反对扼杀创造力的新古典主义风格，另一方面又对中世纪的哥特式艺术情有独钟，同时又消极地评价机械化生产的重要价值。工艺美术运动主张向自然学习，采用自然形式，根据艺术规律，根据生产过程的可能性，有限度地从大自然中找到合适的形状和色彩之美。此外，受东方艺术、东方装饰的影响，讲究线条运用、简洁、实用、含蓄的家具形态风行当时的欧洲。这类家具符合机械生产的要求，突破了纯艺术装饰的束缚，导致繁缛奢丽的家具被淘汰。

在这一观念下，壁纸、纺织品、家具的设计制造必然更突出手工技艺的精湛和人的思想感情，清新雅致的枝蔓、花草、鸟类、昆虫表现出自然的生机和形式美，体现实用性、功能性与装饰性的结合。

二、新艺术运动

这一运动在19世纪90年代兴起于欧洲多国，因巴黎开办的一个"新艺术之家"

画廊而得名。新艺术运动反对过度装饰，放弃任何一种传统装饰风格，完全走向自然主义，以大自然作为最基本的创作源泉，主要以新的艺术形式表现新的时代特征。

新艺术运动是由具有相似的理念和追求、又有不同艺术风格的个人和团体合力推动的设计运动。艺术家和团体的风格趋势差异极大，呈现出学古不复古、百花齐放、新旧交替的特征。例如，家具设计注重自然曲线和简洁直线的律动表现，采用植物的弯曲纹样作装饰，用色泽深浅不同的木材进行镶嵌，风格新颖独特。玻璃制品具有非对称性的特点，玻璃壁上作浮雕式装饰，运用柔和的线条表现出强烈的装饰性等。

三、装饰艺术风格

"装饰艺术"的名称起源于1925年在法国巴黎举办的"Exposition Internationale des Arts Décoratifs et Industriels Modernes"（现代工业装饰艺术国际博览会），是20世纪二三十年代的一种流行风格。此风格不仅反映在建筑设计上，也影响了当时美术与应用艺术的设计格调，如家具、服饰、珠宝与图案设计等。我国上海外滩、天津五大道、青岛八大关等历史文化街区的建筑、室内设计都属于装饰艺术风格。

装饰艺术运动演变自19世纪末20世纪初的新艺术运动，新艺术运动是资产阶级追求自然（如花草、动物的形体）与异域文化艺术（如东方的绘画与书法）的线条艺术，装饰艺术运动则结合了因工业文化所兴起的机械美学，以较机械式的、几何的、纯粹装饰的线条来表现，如扇形辐射状的太阳光、齿轮或流线型线条、对称简洁的几何构图等，并以明亮对比的颜色来彩绘，例如亮丽的红色、醒目的粉红色、科技类的蓝色、警报器的黄色、探戈的橘色、带有金属味的金色、银白色以及古铜色等（图6-1）。同时，随着欧美资本主义向外扩张，远东、中东、希腊、罗马、埃及与玛雅等古老文化的物品或图腾，也都成了装饰的素材来源，如埃及古墓的陪葬品、非洲木雕、希腊

图6-1　体现装饰艺术的风格特点
（郭明月作品）

建筑的古典柱式等（图6-2）。

图6-2 装饰艺术风格的吧台（郭明月作品）

装饰艺术风格的几个主要特征：简洁的几何外形，表面光洁，边缘清晰有力；强调装饰性，装饰纹样有棱有角，强劲利落；直接采用几何图形；色彩方面重视强烈的原色和金属色，既优雅浪漫又浓烈大胆；奢华材料（檀木、毛皮、丝绸、贵金属、宝石……）与工业合成材料（玻璃、塑料、铝铬……）并用。

第一次世界大战之后，欧美的一些先进国家出现了空前的繁荣局面。经济高度发展，科学技术突飞猛进，文化艺术随之发生巨大变化。尤其是艺术与科学之间的关系越来越紧密，现代艺术在科学和生活方面不断出现新面貌，这些变化都必然在家居陈设中得到体现。家居陈设是以现代科学文化和现代生活方式为根基，是由多元因素构成的文化结晶，是以多文化、多角度、多层面的方式体现出社会风尚、时代风貌和风格上的特征。

四、包豪斯学派

1919年3月创立于魏玛城的包豪斯学院开创了欧洲工业时代设计教育的新局

面。包豪斯不仅是一个艺术教育单位，同时也是现代主义运动的领导中心。包豪斯有完整的设计思想和教育体系，认为"完整的建筑物是视觉艺术的最终目标，艺术家最崇高的职责是美化建筑"。为了达到这个最终目的，"建筑家、画家和雕塑家必须重新认识，一幢建筑物是各种美感共同组合的实体"，并强调艺术与技术的互相配合，指出"艺术家与工艺技师在根本上没有任何区别"。包豪斯主张在设计中坚持功能第一，形式第二；反对矫饰，追求几何形的简明造型；主张空间的简洁实用和流动性；采用新的工业材料和结构建造形式；主张标准化原则，标准化才能批量化，才能降低成本；把经济效益作为设计的重要因素来考虑，达到实用、经济的目的。

这种风格也体现在包豪斯时期的家居陈设设计上。包豪斯学派设计的家具，造型轻巧优美，结构单纯紧凑，用料合理，功能良好。他们最先提出了家具生产标准化思想，并首创了钢管家具。其中"瓦西里椅"是世界上最早的用镀铬钢管规模生产制造出来的家具之一。"巴塞罗那椅"是包豪斯家具的另一个典型代表，它的造型新颖简洁，时代感很强，尤其是呈 X 形、具有优美曲线的椅腿和两块长方形皮垫组成的靠背与坐垫，展现出和谐的美感。

虽然包豪斯的设计理念中存在一些局限性，例如，在设计作品中有过分强调几何化的形式主义倾向，有过于冷峻的视觉感受和对历史传统一概排斥的弊端。但是包豪斯打破了"纯艺术"与实用艺术之间截然分开的传统观念，奠定了现代工业设计教育的坚实基础，并持续广泛地影响着世界各国的设计教育，包括室内设计教育。重读包豪斯的思想，我们在陈设设计和制作中也可汲取丰富的营养，普及面非常广泛的现代简约风格就直接受到包豪斯的影响。

现代简约风格在空间处理方面一般强调室内空间实用宽敞、内外通透，墙面、地面、顶棚及家具陈设乃至灯具、器皿等均以简洁的造型、纯粹的质地、精细的工艺为特征。并且尽可能不用装饰并去除多余的元素，认为任何多余的装饰、没有实用价值的特殊部件都会增加造价，强调形式应更多地服务于功能（图6-3）。

简约风格是室内设计中最具代表性的风格之一，其影响力已涵盖室内环境中所有的领域。简约风格还可以打破界限，跨越文化领域，例如具有东南亚民俗风格的家具与空间，经由简约主义的诠释焕然一新，形成当今流行的现代东南亚风格。

图6-3　现代简约风格（石海悦作品）

五、风格派

风格派又称冷抽象，它的代表人物是荷兰画家蒙德里安，他认为："艺术的目的在于表现抽象的精神，艺术应该摆脱自然的外在形式，努力追求人与神相互统一的绝对境界，即'纯粹抽象'。"主张艺术应该用直角、直线以表现万物内部的安定、宁静与和谐的美。因此，蒙德里安的作品都用水平线与垂直线将大小不等的红、黄、蓝色块和黑、白、灰色块精确地组织在一起。

"风格派"的作品是一种平面的、理性的、单纯的表现形式。在室内设计中既可以根据风格派的观点设计出亮丽的界面，也可运用风格派的陈设品创造出别致的陈设空间效果。

第二节　当代设计流派的影响

当代设计流派强调建筑和室内设计的复杂性与矛盾性；反对单一化、模式化；

讲求文脉，追求人情味；崇尚隐喻与象征手法；大胆运用装饰和色彩；提倡个性化和多元化。在造型设计的构图理论中吸收其他艺术或自然科学概念，如错位、反射、折射、裂变、智能、互动等。也用非传统的方法来解读传统，用不熟悉的方法来组合熟悉的东西，用各种刻意制造矛盾的手段，把传统的构件组合在新的情境之中，让人产生复杂的联想（图6-4）。在室内大胆运用图案装饰和色彩，室内设置的陈设艺术品往往被突出其象征隐喻意义，它是适应时代发展和多重家庭需求而进一步革新的潮流。

图6-4　隐喻与象征手法（陈晨作品）

一、波普风格

"波普"（POP）一词源于英文，其含义为"大众化"，所以"波普艺术"又名"大众艺术""通俗艺术"。

波普艺术主张反对规范化、程式化和为少数人服务的一切传统艺术，提倡打破常规，摆脱束缚；反对艺术形式和内容的重复，追求新奇的艺术内容和形式（图6-5）。波普艺术将来自城市的生活符号，如广告、报刊、自行车、摆放在货架上的一切商品甚至废旧物品当作室内陈设的表现内容。例如，在艺术陈设中出现的"超级图案"，即在室内墙面使用特大的商品广告壁纸，在墙面上绘出比真人大得多的人像等，还有把旗帜等图案画在墙上的（图6-6）。

在室内家具方面追求新奇和商业流行氛围，例如造型别致而夸张的低椅子、吹塑椅子、拼接家具等。最为典型的波普式家具是沙发，例如有的外形像手掌，有的是个装满聚丙烯颗粒的大口袋，完全打破了传统的设计。

图6-5　打破常规的陈设组合（王睿作品）

图6-6　波普风格超级图案（王睿作品）

二、极少主义风格

极少主义盛行于20世纪六七十年代。极少主义的室内陈设注重形体几何状的抽象构成，以形成轮廓分明的空间形态。

极少主义并非单纯意义上的减少数量或构成部分，而是通过精湛的细节处理使空间呈现最纯粹的简洁效果。极少主义充分利用抛光不锈钢、铝合金、镜面玻璃、磨光大理石和花岗岩等材料的反射与光影效果，营造出清晰光亮的空间环境。极少主义强调工艺技术的表现，力求室内空间中的建筑和装饰构件成为可欣赏的工艺品，反对任何多余的装饰。

三、高技风格

高技风格风行于20世纪50～70年代，其特点是反对传统的表现形式和审美观念，提倡创作中的理性因素，强调设计作为信息的媒介，高度重视工业技术的应用和表现。建筑从结构柱、梁、空间网架到设备管道、照明管线等均暴露在外，并分别刷上鲜艳色彩的油漆，极力标榜"机械美"。反映在室内也是将某些作为隐蔽工程的设备部件、管道等纳入艺术装饰范围之内。

高技风格的家具陈设，强调工业化的高品质特征，体现的是对高档的现代材料、精细的技术结构和精致的加工手段的精致处理（图6-7）。采用金属、皮革、木材等材料制作，结合直线与曲线塑造椅身，现代感极强。

图6-7　高技派工业风（赵越作品）

四、超现实主义艺术

超现实主义艺术以梦幻心理学和精神分析学为基础，认为"潜意识是灵感的源泉，'梦'超越清醒思想，病理学的状态超越正常生理状态"。超现实主义在设计中追求表现超越现实的内容，力图在有限的空间中，利用绘画、雕塑等陈设，以及独特甚至怪异的材料与造型，扩大想象空间，突破现实的约束，来创造所谓"世界上不存在的世界"和"无限空间"，使室内空间环境最大限度地发挥其精神功能。

虽然超现实主义的室内设计有刻意追求奇特而忽视功能的倾向，但其大胆新奇的空间形态和陈设艺术使居住空间具有超凡脱俗、远离尘世的感觉。因此，超现实主义设计理论和方法对于偏向娱乐性的家居陈设艺术不无借鉴之处。

五、禅风

禅宗是佛教八大宗派之一，也是最重要的一个宗派，因主张修习禅定而得名。它的宗旨是以参究的方法，彻见心性的本源。禅宗所蕴含的对本性的关怀，以及由此衍生出独特的处事方式、人生追求、审美情趣、超越精神，表现出人类精神的澄明高远的境界。

禅风的陈设艺术使用自然、平和质感的材质，展现清透明亮、朴实无痕的表面，再融入自然景致、光影，形成简约澄净，充满宁静禅意的风格，贴近人内心深处清净、简单与平等的本性（图6-8）。其主要陈设材料为深色木器、玻璃、奇石、鹅卵石、陶器、竹编、单纯色系自然物（观叶植物、兰花、枯枝、青苹果）、矮床、绘画等，茶道、园艺也是禅味艺术的典型成果与代表（图6-9）。

图6-8　禅风陈设（陈晨作品）

图6-9　自然和艺术元素在禅意空间中的运用（王润泽作品）

六、前卫风格

现代前卫风格使用新型材料和工艺，追求个性的室内空间形式和结构特点。色彩运用大胆豪放，或浓重艳丽，或黑白对比，追求强烈的反差效果。平面构图自由度大，常常采用夸张、变形、断裂、折射、扭曲等手法，打破横平竖直的室内空间造型，运用抽象的图案及波形曲线、曲面和直线、平面的组合，取得独特视觉效果。家具和设施的陈设造型奇特，室内设备现代化，在保证功能且使用舒适的基础上体现个性。

七、混合型风格

混合型风格也称混搭风格。在多元文化的今天，陈设艺术也呈现出多元化发展趋势。混搭风格的陈设艺术遵循实用第一的原则，在装修装饰方面融古今中外特色风格于一体，设计手法不拘一格。只要觉得和谐美观，各类陈设艺术皆可拿来结合使用，或作点缀之用（图6-10）。如传统的屏风、摆设和茶几配以现代风格的墙面及时尚的沙发；欧式古典的琉璃灯具和壁面装饰配以东方传统的家具和埃及的陈设等。但混合型风格需要设计师匠心独具，深入推敲形体、色彩、材质等方面的总体构图和视觉效果，特别要注意在设计过程中，一般情况下要以一种风格为主，作为控制性要素，再进行多种风格的混搭，不容易产生混乱的局面（图6-11）。

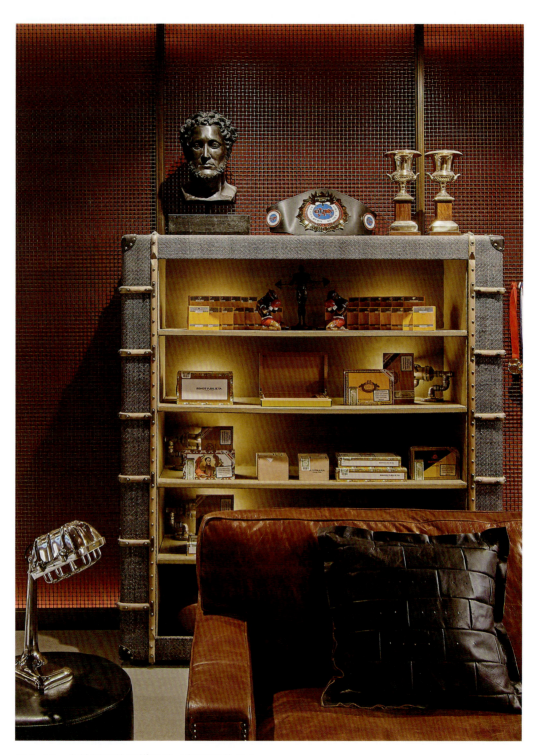

图6-10　个性鲜明的混搭手法（郭明月作品）

图6-11　讲究混搭元素的衔接（陈晨作品）

第七章

结束语

成熟、稳定的体系，有助于家居陈设设计专业与相关学科的合作交流，也有助于家居陈设专业人才的培养。

（1）理论研究。

①基于艺术史学、考古学、人类学、社会学、心理学、生态学等跨学科领域的传统陈设艺术的梳理。这种研究主要运用艺术史学、考古学等学科中的类型学、年历学等方法，建立学科史框架，便于深入系统地梳理学科理论。

②基于生活方式的陈设艺术研究。这方面研究可以通过运用人类学、社会学的实地调查方法研究当代人的生活方式与类型，有助于家居陈设的从业人员根据研究成果进行有针对性的设计实践。

③陈设艺术当代风格流派的研究。当代艺术正处于异常活跃的发展时期，家居陈设的新的风格流派也层出不穷，值得相关设计人员随时进行学习和整理。同时，对于一些至今仍然流行的传统风格流派的跟踪研究，更是设计界需要特别关注的。

④家居陈设市场研究。基于统计学和社会学实地调查法的生产、销售、供需关系、消费心理、择业就业、商业培训等方面的理论研究，有助于产业系统化整合策略和行业指导规划的制订与执行，对行业的良性发展具有重要意义。

（2）实践研究。对于家居陈设从业者来说，都希望自己能够在某一个方面获得成功。通过多年的教学实践，笔者认为，家庭居住陈设，小则规划空间，大则规划生活，对人们生活方式的影响不言而喻。

①家居陈设设计一体化实践。那些领导力和宏观把控能力极强的从业者，可以将重点放在室内空间环境的全案设计方面。全案设计，就是将室内的空间规划、使用者的生活方式和家居陈设品进行整体设计，为用户提供最为全面的一体化设计服务。大多数设计师都希望自己成为全案设计师，但是只有极少数综合素质较强并且具有良好的客户资源的设计师，才能有机会成为全案设计师，为客户提供家居陈设的一体化设计。

②以销售终端市场为导向的陈设艺术专项实践。对于绝大多数家居陈设从业者来说，都是在分饰着不同的行业角色。随着消费者对家庭居住陈设整体配置的需求越来越多，从家具、饰品的销售到专业的买手、定制厂家的出现，带来了家庭居住陈设行业更为细化的职业分工。有些人美术基础好，软件和手绘功底强，在设计团队中就可以做一名称职的绘图师；而对市场产品的动态把握及时，货品整合能力较强的人员则可以做一名材料员或者买手；家居卖场里的销售人员需要提高专业素

养，以便对消费者的陈设需求准确把握；家具制造商也不再是简单地提供有限的产品样式，而是要按照消费者或设计师的要求对产品进行定制加工……

家居陈设艺术不仅仅是一个职业，更是一门学问，需要从理论、实践等各个方面进行系统学习，提高从业人员的综合素质，才能全面、准确、高效地完成家居建设的任务。

参考文献

［1］刘森林.中华陈设：传统民居室内设计［M］.上海：上海大学出版社，2006.

［2］张绮曼，潘吾华.室内设计资料集–2–装饰与陈设编［M］.北京：中国建筑工业出版社，1999.

［3］维托尔德·雷布琴斯基.家的设计史［M］.谭天，译.杭州：浙江大学出版社，2022.

［4］崔冬晖.室内设计概论［M］.北京：北京大学出版社，2007.

［5］廖夏妍.家具陈设设计［M］.北京：清华大学出版社，2022.

［6］乔国玲.室内陈设设计［M］.上海：上海人民美术出版社，2014.

［7］那仲良，罗启妍.家：中国人的居家文化（上）［M］.李媛媛，黄笭笙，译.北京：新星出版社，2011.

［8］赵囡囡.中国陈设艺术史［M］.北京：中国建筑工业出版社，2019.

［9］师一尹.新中式元素在居住空间陈设中的设计研究——以咸阳市华泰西苑小区居住空间为例［D］.西安：西安建筑科技大学，2023.

［10］夏盼盼.新时代中国家庭文化建设研究［D］.西安：长安大学，2020.

［11］吕从娜，李红阳.软装与陈设艺术设计［M］.北京：清华大学出版社，2020.

［12］增田奏.住宅设计解剖书［M］.赵可，译.海口：南海出版公司，2013.

［13］王艺桐.对中国传统"家"文化的解读及意义探究［D］.天津：天津大学，2016.

［14］迈克尔·苏立文.中国艺术史［M］.徐坚，译.上海：上海人民出版社，2022.

［15］苏珊·伍德福德，等.剑桥艺术史［M］.钱乘旦，译.南京：译林出版社，2023.

［16］薛勇，郝永池.智能家居中的陈设艺术设计［J］.电子技术，2024，53（2）：
　　366-368.

［17］谷佳宝，柳丹.智能家居对室内设计的影响探析［J］.工业设计，2023（3）：
　　109-111.